本书由宁夏大学出版基金资助

滩羊裘皮研究

陶金忠　著

图书在版编目（CIP）数据

滩羊裘皮研究 / 陶金忠著 . —北京：中国农业科学技术出版社，2020. 4
ISBN 978-7-5116-4695-8

Ⅰ. ①滩⋯ Ⅱ. ①陶⋯ Ⅲ. ①滩羊–羊皮–研究 Ⅳ. ①TS522

中国版本图书馆 CIP 数据核字（2020）第 061311 号

本书由宁夏大学出版基金资助

责任编辑	陶　莲
责任校对	李向荣

出　版　者	中国农业科学技术出版社
	北京市中关村南大街 12 号　邮编：100081
电　　　话	（010）82109705（编辑室）　　（010）82109702（发行部）
	（010）82109709（读者服务部）
传　　　真	（010）82106625
网　　　址	http://www.castp.cn
经　销　者	各地新华书店
印　刷　者	北京建宏印刷有限公司
开　　　本	710mm×1 000mm　1/16
印　　　张	12
字　　　数	195 千字
版　　　次	2020 年 4 月第 1 版　2020 年 4 月第 1 次印刷
定　　　价	88.00 元

《滩羊裘皮研究》
著者名单

主著： 陶金忠
参著： 丁　伟　马　青　马丽娜　白玲荣
　　　　冯　涛　任德新　孙占鹏　杨佐青
　　　　张鑫荣　侯鹏霞　郭延生　崔保国

前　言

　　从动物学的分类上来说，绵羊属于脊椎动物门、哺乳纲、偶蹄目、反刍亚目、洞角科（Bovidae）、绵山羊亚科、绵羊属和绵羊种。现代绵羊品种都是由野生绵羊经过人类长期驯化和驯养而来。国内外学者一致认为，中国粗毛羊三大起源为蒙古羊、哈萨克羊以及藏羊，比较一致的观点是滩羊是蒙古羊的后代，生活在宁夏回族自治区（全书简称宁夏）及毗邻的甘肃庆阳、靖远，陕西的陕北以及内蒙古自治区（全书简称内蒙古）阿拉善盟，该地区常年干旱，属于荒漠化草原及戈壁，年降水稀少，草中干物质多，孕育了这个窄生态幅适应的物种，目前宁夏全境约有 350 万只滩羊，主要集中在盐池、红寺堡、同心等地。

　　滩羊是裘皮用羊，被毛为异质毛，由有髓毛、两形毛和无髓毛组成，形成毛股或毛辫结构。头部、四肢、腹下和尾部的毛较体躯的毛粗。羔羊出生时从头至尾部和四肢都长有较长的具有波浪形弯曲的紧实毛股。二毛期毛股由两形毛和无髓毛（绒毛）组成，两种羊毛差异较小。随着日龄的增加和绒毛的增多，毛股逐渐变粗变长，花穗更为紧实美观。到 1 月龄左右宰剥的毛皮称为"二毛皮"。二毛期过后随着日龄和毛股的增长，花穗日趋松散，二毛皮的优良特性即逐渐消失。二毛皮作为宁夏的五宝之一，曾经受到各地的热捧，东面最远引到黑龙江，南面最远引到云南，但经过 1~2 代后二毛弯曲就会消失，在 20 世纪 80 年代中国科学院对滩羊二毛裘皮的形成遗传规律进行了初步的探究，初步了解了滩羊二毛裘皮的遗传规律，但好多问题还不清楚。

　　近年来，随着大家对滩羊肉用价值的重视，滩羊裘皮品质越来越差，再加上人造纤维的发展，使得二毛裘皮产品也失去了市场，优质的二毛裘皮价格在 200

元左右。羊毛作为绵羊养殖业的重要产品之一，滩羊毛适合擀毡，但原毛价格也很低，每千克不到20元，严重制约了滩羊裘皮和羊毛的发展。作为曾经风靡一时的滩羊裘皮，渐渐失去了它的价值。

随着科学技术的发展，特别是基因组学、蛋白组学的出现及迅速发展，重新研究滩羊裘皮形成机理的时机成熟。基于此，2013年，宁夏确定由李颖康研究员组织滩羊育种专项，将滩羊串子花品系选育与产肉力提高作为一个研究课题，对滩羊裘皮的形成机理进行深入探讨。本书基于李颖康研究员领导的育种团队近6年的研究成果，结合其他团队的一些工作，整理而成，然而由于时间仓促，书中难免有些纰漏，敬请读者指正。

著　者

2020年1月

目　　录

第一章　滩羊的形态和生产性能

第一节　滩羊的体型外貌及二毛特征

一、滩羊的体型外貌

滩羊体躯毛色为白色，头部、眼周围和两颊多为褐色、黑色、黄色斑块点，两耳、嘴和四蹄上部也多有类似的色斑，纯黑或纯白者较少（图1-1）。

滩羊体格中等大小，体质结实。鼻梁稍隆起，眼大微突出。公羊有大而弯曲呈螺旋形的角，大多数角尖向外延伸，角长25~48cm，两角间距离平均为50cm；也有角尖向内的抱角和中型弯角，小型弯角。母羊一般无角或有小角，角呈弧形，长12~16cm。颈部丰满、中等长度，颈肩结合良好。背鬐腰平直，胸较深。母羊鬐甲高略低于十字部，公羊有十字部高于鬐甲的，但为数很少。公羊胸宽稍大于十字部宽，母羊十字部宽稍大于胸宽，整个体躯较狭长。尻斜，尾为脂尾，尾长下垂尾根部宽大，尾尖细而圆，部分尾尖呈"S"状弯曲或钩状弯曲，尾尖一般下垂过跗关节，尾长一般长25~28cm。尾形大致可分为三角形、长三角形、楔形、楔形"S"尾尖弯曲等几种。尾的宽度和厚度随着脂肪沉积的多少而有改变。一般来讲，1岁羊的尾长在22~42cm，平均33.59cm；尾宽在10~21cm，平均15.49cm；尾厚在4~10cm，平均6.73cm；2岁羊的尾长在25~45cm，平均35cm；尾宽在10~23cm，平均15.91cm；尾厚在5~10cm，平均6.98cm。被毛一般秋末丰满，春末萎缩。四肢端正，蹄质致密结实。

图 1-1　二毛期滩羊羔

　　被毛为异质毛，由有髓毛、两形毛和无髓毛组成，形成毛股或毛辫结构。头部、四肢、腹下和尾部的毛较体躯的毛粗。羔羊出生时从头至尾部和四肢都长有较长的具有波浪形弯曲的紧实毛股。毛股由两形毛和无髓毛（绒毛）组成，两种羊毛差异较小。随着日龄的增加和绒毛的增多，毛股逐渐变粗变长，花穗更为紧实美观。到1月龄左右宰剥的毛皮称为"二毛皮"。二毛期过后随着日龄和毛股的增长，花穗日趋松散，二毛皮的优良特性即逐渐消失。

二、滩羊二毛皮花穗的分类方法

在滩羊本品种选育工作中，对羔羊和二毛皮进行品质鉴定时，应了解花穗的概念及其分类的方法，以利于开展选育工作。

（一）花穗的概念

"花穗"概括出滩羊二毛皮的综合性状。其含义是：在毛股的上部具有一定的花形，毛股的下部又具有一定的两形毛和绒毛的比例。花穗有别于羔皮的"花卷""花纹"等概念。滩羊二毛皮是介于羔皮和大羊裘皮之间的一种羔羊裘皮。其毛股上部具有羔皮所具备的特征——有一定的花形，如"平波形""螺旋形"等。毛股的下部具有一定的数量的绒毛，显然比羔皮保暖性好，这是裘皮的主要特征。

花穗的概念主要包括两方面的内容，即花形与毛形比例。花形主要决定花穗的悦目品质，毛形主要决定保暖性能。因此，偏于美观的二毛皮（串字花花穗），一般保暖性能差；偏于保暖的二毛皮（软大花花穗），一般是欠美观的。所以，在对花穗进行鉴别和分类之前，必须对花穗的概念有一个明确的认识。

（二）花形与毛形

1. 花形

滩羊二毛皮的花形，可分为两大类：平波形和螺旋形。

平波形——这是滩羊的品种型要求，即毛股上部具有弧度均匀的波形弯曲，且常以其各个波纹在同一平面上排列和延伸为其特点。

平波状花形，按其弯曲的深浅和弯曲波长的不同，又可分为浅长弯、半圆弯和小弯等3类。其顶端的开口形状，也有闭合（圆形）和不闭合（半圆形）之分，但顶端不能是螺旋形的。平波状花形，依其毛股的粗细，又可分为粗大的、中等的和细小的 3 类。毛股的粗大或细小，主要由毛股中毛纤维的根数及其结构的紧实程度决定的，一般粗大的毛股含毛纤维数有 2 000~3 000 根；中等粗细的毛股有毛纤维 1 000~2 000 根；细小的毛股有毛纤维 600~1 000 根。毛股的粗细也是对 3 种主要花穗进行分类的依据之一。平波状的花穗，由于弯曲规律、整齐，各花穗弯曲的大小、方向和彼此排列较为一致，不紊乱，故可形成花案。

螺旋形——在滩羊群体中有一定的比例，该种形状弯曲的羊毛，弯曲不在同一个平面上，呈螺旋状。

2. 花穗形

滩羊二毛期羊毛形成的特有的结构，可分为以下几类。

（1）串字花。毛股粗细 0.4~0.6cm，毛股上弯曲数较多如水波状，一般每个毛股上有弯曲 5~7 个。毛股中含两形毛 550~600 根，绒毛 700~800 根。尖端呈半圆形弯曲；毛股紧实，根部柔软，能向四方弯倒；弯曲弧度均匀，弯曲部分占毛股全长的 2/3~3/4，形似"串"字，故称"串字花"。这种花穗紧实清晰，花穗最美观，花穗顶端是扁的，不易松散和毡结，纵横倒置，如水波浪式美观不变形。

（2）绿豆丝。有少数具有"串字花"的二毛皮，其毛股较细小，毛股粗细在 0.4cm 以下，弯曲弧度亦小，弯曲数目较多，一般每个毛股上有 7~8 个弯曲，称为"小串字花"或"绿豆丝"，这种花穗是二毛皮中最美观的一种。

（3）软大花。毛股较粗大而不紧实，毛股粗细 0.6cm 以上；一般毛股上弯曲少于"串字花"，每个毛股上有弯曲 4~6 个，有弯曲的部分占毛股全长的 1/3~2/3，弯曲的弧度较大，呈平波状，花穗顶端呈柱状，扭成弯曲。这种花穗由于下部绒毛含量较多，裘皮保暖性较好，但不如"串字花"美观。

此外，还有所谓"卧花""核桃花""笔筒花""钉子花""头顶一枝花""蒜瓣花"等。这些花穗形状多不规则，毛股短而粗大松散，弯曲数少，弧度不均匀，毛根部绒毛含量多，因而易于毡结，欠美观，其品质都不及前两种（图 1-2）。

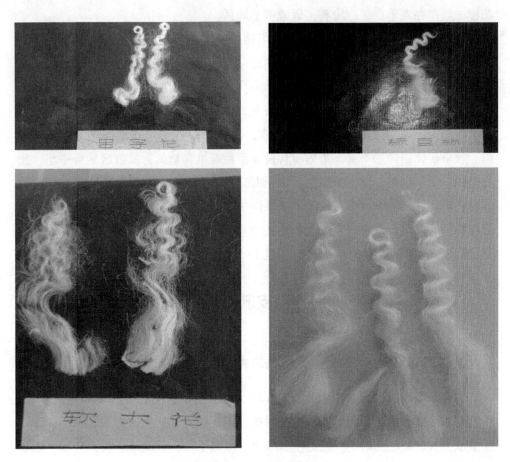

图1-2 各种花穗形

（4）卧花。一般花穗粗松而短，毛股上弯曲少而互依，弯曲一般在4~5个，毛尖粗而呈尖花，多半呈半开口状，亦有圆形者，毛股粗细在0.6cm以上者居多。这种类型的弯曲有时不正常，生长过程中有时同一毛穗有部分与软大花有相似之处。羔羊在出生时毛股长度一般比前两种短1/4~1/3，毛股中粗毛与绒毛比重均较前两者为大。

（5）核桃花。核桃花以毛穗尖端花弯形如核桃而得名，毛股较短而细，毛股上弯曲少而分布不均，有的毛股除尖端形如核桃外，毛股上的弯曲不明显、弯曲弧度不整齐、弯曲数在3~4个，欠美观。也是二毛皮中最不好的毛花。这种花穗一般产在滩羊产区边缘和接近蒙古羊地区。

凡属滩羊正常的花穗（三大主要花穗：串字花、小串字花、软大花）都必须是平波状的花形。

凡不能归于平波状花形者，均归入不规则形。毛股有弯曲2~5个。毛质亦有不同，与优良产区相比，羊毛密度较大，单位面积内纤维重量稍高，但皮张面积则较小。所以，滩羊只有在气候适宜，地属温湿性干旱或荒漠草原；植被稀疏，牧草矿物质含量丰富，蛋白质含量高而粗纤维含量低；放牧区地势平坦、土质坚硬；干旱少雨，空气湿度低，年积温高；饮水中含一定量的碳酸盐和硫酸盐成分，矿化度高，水质偏碱性的环境条件中才能正常生息繁衍和保持二毛皮的美丽花穗特有品质。滩羊若离开其特定的生存环境，其二毛皮优良花穗基本消失。有研究发现引种到黑龙江和云南，经过1~2个世代，滩羊的裘皮性状就会丢失。

第二节　胎儿期皮肤及毛纤维的发育

一、滩羊胚胎期皮肤生长及毛纤维发生

研究结果表明，滩羊在胚胎的60d时，皮肤真皮的生长有突然加快的趋势，特别到90d以后，又出现了急剧生长时期。因此，可以认为胚胎60d和90d以后是皮肤生长较旺盛的时期。毛的生长顺序，除触毛外，首先是从头部开始，以后为背部、体侧、尻部和腹部。滩羊的胎毛原基最早出现于头皮，在胚胎第41~48天内开始产生，到胚胎的第62天，全身几乎都出现毛原基。毛原基的生长，首先在皮肤表皮生发层的某处，细胞开始增生，而后逐渐加长，斜向真皮内生长，至形成毛囊时，囊内全为中心细胞所充满，没有间隙，而毛纤维生成，逐渐上长时，中心细胞消失才形成囊腔。滩羊初级毛囊的出现，约在胚胎期的第85天，初级毛囊形成以后，除头部外，差不多是等长的，其基部都位于同一水平面上，毛囊纵切面的中线与表皮呈55°~60°角。次级毛囊在胚胎120d，全身各部都可见到，但腹部数量较少。次级毛囊的毛原基的发生时期与初级毛囊的毛原基同时或稍后几天发生。在胚胎期的不同部位，毛的发生是同时进行的。次级毛囊在真皮

中的位置较初级毛囊为浅，并且毛囊的横径也较初级毛囊细，毛球及毛乳头也小。从皮肤生长和毛纤维的发生看出，毛纤维的发育过程可分为：毛原基发生期（从胚胎48d开始至62d左右结束）和毛囊形成期。

滩羊41d胎龄的胎儿，全身体表光滑，皮肤色白、菲薄。体重约10.70g，体长6.50cm。切片观察：全身各部位均未发现毛原基的细胞团。在皮肤上，仅看到由外胚层发育而来的生发层细胞及原始结缔组织，头部皮肤的表皮厚度约13.00μm。

48d胎龄的胎儿，全身体表光滑，皮肤色白、菲薄。体重约13.40g，体长8.00cm。头额部在解剖镜下，可隐约看到较稀疏的点状凸起。切片观察：在头部皮肤上，可看到由生发层细胞增生而形成的上皮柱（毛原基），向下生长，长约40μm，数量较少，背部等其他部位未见发生，头皮的真皮厚度为78μm，背部真皮厚度为26μm。

55d胎龄的胎儿，全身体表光滑，较薄，色变浅，趋向浅棕色，体重约29.60g，体长9.50cm。在解剖镜下可看到头额部皮肤上，有较密集的点状凸起，背部、体侧亦可以看到。切片观察：头部皮肤的真皮厚度在260μm左右，毛原基长约26μm，数量较少。

62d胎龄的胎儿，全身体表光滑，棕色，体重约77.0g，体长13.0cm，眼观头部、背部、体侧、尻部均可看见点状凸起。切片观察：头皮真皮厚度约330.0μm，毛原基数量较多，长约91.0μm；背部真皮厚度约2 200μm，毛原基长约78.0μm，呈斜向的上皮柱，数量较多；尻部真皮厚190.0μm，毛原基数量较少，长约29.0μm。

90d胚胎的胎儿，全身体表光滑，较厚，具一定的韧性，体重约550.0g，体长28.5cm。切片观察：头部真皮厚度约980.0μm，毛囊已形成，毛球、毛乳头也已形成，毛开始生长，毛囊基部宽140.0μm，长度不一；背部真皮厚度为550.0μm，初级毛囊已形成，但毛囊内为中心细胞所充满，毛囊基部宽65.0μm，长660.0μm；腹部真皮厚度235.0μm，毛囊基部宽52.0μm，长为106.0μm。体侧、腹部的毛囊长短一致，位于同一水平面上，毛球、毛乳头尚分化不清。

120d胎龄的胎儿，全身毛已长出，体重约2 200.0g，体长38.0cm。切片观察：全身次级毛囊均已发生，头皮真皮厚度为 1 900.0~2 100.0μm。初级毛囊基部横径 195.0μm，中间部横径为 108.0μm。次级毛囊基部横径 90.0μm，中部横径为 40.0μm。背部真皮厚 1 800.0μm，初级毛囊基部横径 130.0μm，中部横径为 108.0μm。次级毛囊基部横径 104.0μm，中部横径为 65.0μm。腹部真皮厚 1 500.0μm，初级毛囊基部横径为 130μm，中部横径为 91.0μm。次级毛囊基部横径为 91.0μm，中部横径为 65.0μm。

毛原基的长度，首先在皮肤的生发层的某处，细胞开始增长，而后逐渐加长，斜向真皮内生长，至形成毛囊时，囊内全为中心细胞所充满，并没有间隙；而毛纤维生成，逐渐上长时，通过切片观察没有见到其痕迹，所以还说不清楚。

滩羊初级毛囊的出现，约在胚胎第 90 天或在此前数天，初级毛囊形成以后，除头部外，差不多是等长的，其基部都位于同一水平面上，毛囊纵切面的中心线与表皮呈 55°~60°角。

在胚胎期 120d 时，全身各部位都可以看到次级毛囊，但腹部数量较少。次级毛囊在真皮中的位置较初级毛囊为浅，并且毛囊的横径也较初级毛囊为细。毛球及毛乳头也小。

根据上述事实，我们认为毛纤维的发育过程可分为：毛原基发生期，从胚胎 48d 开始至 62d 左右结束；毛囊形成期，毛囊原始体发生在胚胎发育的 45~50d，至胚胎 90d 全身各部毛囊都已形成；75d 的胎儿在唇端、鼻孔周围、蹄冠边缘开始有毛纤维发生；胚胎 90d 头部毛囊的毛纤维已形成；105d 时全身毛纤维已长出皮肤表面，并形成弯曲；120d 时已有毛股出现；到 135d 时全身各部位毛股一般都有 3~4 个弯曲，毛股伸直长度达 5cm 左右，相当于出生毛长的 83% 左右。毛股上的弯曲数和形状随二毛的增长亦有改变，到出生时一般每个毛股增至 5~6 个半圆形弯曲。

滩羊裘皮许多重要品质（毛股弯曲形状和数量、毛股粗细、毛纤维细度等）都在胎儿期内形成，了解胎儿期的发育特点，是进行培育优良裘皮羊的基础。据宁夏农业科学研究所测定，滩羊羔在胚胎发育期生长是不平衡的。胎儿在 75 日龄以前，组织分化强烈，体重增加缓慢。75d 时胎儿仅 198.75g，相当于出生体重的 5.48%，平均日增重 9.17g。120d 和 135d 时，胎儿体重分别达到 2 180g 和

3 170g，相当于出生体重的 60.05% 和 87.32%，日增重分别为 74.27g 和 66.00g，135d 至初生阶段，不论绝对增重或相对增重均明显下降。

胎儿羊毛的生长：50~60 日龄是躯体毛囊原始体发生的时期，90~105d 毛纤维陆续长出体表并形成弯曲，120~135d 羊毛生长最强烈，135d 后增长速度降低。这一变化规律和母羊妊娠最后两个月正是枯草期，母羊体重开始下降的情况相吻合。滩羊裘皮的特点就是在这种营养条件下形成的。

二、滩羊胎儿期间羊毛的生长

（一）羊毛发生的时间和顺序

胎儿 45d 时体表仅有明显的血管。50d 的胎儿在头顶部皮肤上已有少数小凸起，说明在胎儿 45~50d 时头顶部毛囊原始体已开始发生。60d 的胎儿在全身都发现有点状凸起。以背线一带凸起较密，腹侧中线以下逐渐稀少，此时眼睫毛已长出。75d 的胎儿在唇端、鼻孔周围、蹄冠边缘开始有毛纤维发生，其他部位仍为点状凸起，但比 60d 时密且更突出于皮肤表面。90d 时，头部唇端和鼻孔周围以及四肢的蹄冠边缘毛纤维已长出，下唇尤为明显，其他部位尚不明显。105d 的胎儿全身毛纤维已长出，其中头顶和颈部毛长而密，后肢、胸部、前膝次之，体侧和耳部较差。一般在皮肤厚的部位比薄的部位羊毛生长为密，由头部向后躯逐渐短而稀。因此，可以说明 90~105d 是毛纤维长出的时间。105d 以后羊毛长度逐渐增加，并形成弯曲。到 120d 时，体躯的前半部已呈毛股出现，颈部的毛股呈全圆卷曲，体侧毛股为半圆形，后躯稍有弯曲。135d 和初生时，全身各部位毛股都有弯曲，与一般粗羊毛的羔羊不同点为头部和四肢下部毛股亦具有弯曲，唯 135d 期间毛较稀，毛股间的间隙较大，至初生时则密度增大，在此期间已有些绒毛生长。

（二）胎儿期间羊毛生长的速度

测定 105d 以后胎儿各部位伸直毛股长度和弯曲数，由 105d 以后至 135d 为羊毛生长速度最快的阶段，以肩部为例，105d 时毛股长度为 0.65cm，135d 时达 5.12cm，伸直毛股绝对长度增加 4.47cm，以初生时毛股长度为 100%，则 135d 的毛股长度相当初生时的 82.98%。根据观察和测定，羊毛长度前躯较长、后躯稍短，可以看出毛纤维的生长速度因部位上的不同而异，但在初生时，前、后躯毛长基本趋向一致，差异很小。毛股上的弯曲数和形状随毛股长度的增加亦有改变与增加，在135d时各部位毛股上平均有3个半圆形弯曲，初生时，由于毛股延伸，平均每个毛股上有5个半圆形弯曲。

滩羊毛是滩羊产区的重要资源，是制作提花毛毯、壁毯等高档商品的珍贵原料，发挥滩羊毛品质优良特性，是提高滩羊经济效益的一个重要途径。但目前收购价格很低，对开发利用这一资源极为不利，因此建议物价、外贸和毛纺加工部门及时给予调整和加工利用。

第三节　滩羊的皮毛

一、滩羊皮

滩羊羔由于宰杀或死亡的时间长短不定，饲养条件所给予的营养高低不同，因此毛的长短、皮板的大小、品质的优劣亦不一样。所以在用途和分类上，分为羔羊皮（流产及出生后死亡之胎皮和生后数日死亡者）、二毛皮、甩头皮和老羊皮4种。其中以二毛皮为最有名的主要产品。

（一）羔羊皮

一般将滩羊胎皮及生后不久或未够二毛时毛股长度不足8cm时因疾病或其他因素死亡后而获得的毛皮称为羔皮。羔皮除了毛股长度较二毛皮稍短、绒毛少、皮板薄外，毛股弯曲数和二毛皮一样多或稍少，花案同样好看。羔皮一般上等者为45cm^2，中等者为38cm^2，下等者为33cm^2。毛股的长度一般在3cm以上、6cm以下。毛皮特点是皮板轻、保暖性亦好，毛穗小而尖紧，不易松散和毡结，为最佳男女制服和便衣用皮。

（二）二毛皮

滩羊羔羊生后35d左右，毛股长度达到8cm时宰杀所剥取的毛皮称"二毛皮"。二毛皮是滩羊的主要产品。宰杀羔羊的时间对二毛皮品质影响很大，如过早宰杀，毛股较短，绒毛较少，保暖性差；超过屠宰日龄，则绒毛长度变长，花穗变为松散，影响美观。二毛皮的主要特点如下。

1. 毛股紧实，长而柔软

滩羊不论在胚胎发育时期或者在生后的发育时期，羊毛的生长速度都很快，为其他绵羊品种所不及。出生后 35d 其毛股长度已达 8cm 左右，毛股长而紧实，毛纤维细而柔软。所以，剥取滩羊二毛皮的时间以羔羊出生后 35d 左右，毛股的自然长度达到 8~9cm 时比较适宜。

2. 花穗美丽，光泽悦目

由于毛股的大小和弯曲的形状不同，从而构成了不同的花穗，光泽柔和，一般呈玉白色。

二毛皮中，根据每张皮上花穗所占比重和不同形状，大多数为前文所述的 4 种。但详细观察，就一张皮本身而言，花穗亦不一样，由于身体部位不同，形成的花穗类别亦不同，有的包括 2 种或 2 种以上的花穗，有的肩部花穗和股部花穗或弯曲数不一致。

3. 保暖性好，不易毡结

二毛皮的保暖性主要由毛的密度和绒毛的多少来决定。耐久、美观、毡结主要由髓毛与无髓毛比例大小来决定。皮板一般每平方厘米有羊毛纤维 2 325 根，其中无髓毛占 54%，有髓毛占 46%；按纤维类型的重量百分比计算，无髓毛占 15%，有髓毛占 85%。二毛裘皮由于毛股下部有无髓毛着生，因而保暖性良好，并且有髓毛与无髓毛的毛形比例适中，故不易毡结。

4. 皮板致密，轻便结实

二毛皮皮板弹性较好，相当致密结实。皮板面积因个体大小而异，平均每张为 2 254cm²。皮板厚度平均为 0.78mm。皮板重量为测定屠宰后鲜皮重量，平均每张重量为 0.91kg，经过鞣制的皮子，每张平均重 0.35kg。因此，一般缝制一件 120cm 长的皮大衣需二毛皮 8~10 张，重量仅 2kg；缝制一件长 74cm 或 80cm 长的皮大衣需二毛皮 5~6 张，重量仅 1.5kg，穿着起来比较轻便。

5. 皮板面积

以颈部刀口至尾根的直线作为长度，腰部两侧最短距离作为宽度，根据崔重九先生对 730 张二毛皮的测定，其结果为：皮的长度为 42.00~83.00cm，平均

66.96cm，宽度为20.00~46.00cm，平均33.66cm。计算其面积为1 120.00~3 480.00cm²，平均为2 253.90cm²。

6. 皮板厚度

根据朱兴运等的测定，拣取未经鞣制的生皮，用生石灰糊涂于皮面，经24~30h，拔毛并削去结缔组织，经自然干燥后，用螺旋测微仪测定剪下各部位的小块样本，颈部皮厚1.29mm，背部皮厚0.76mm，尻部皮厚0.94mm，体侧皮厚0.75mm，平均皮厚0.78mm。

7. 皮板重量

测定屠宰后鲜皮重量，平均每张重量为0.66~1.16kg，平均为0.91kg，经过鞣制的皮子，每张重0.25~0.50kg，平均重0.35kg。若以7~8张二毛皮制成一件皮衣，其重量不过2kg左右，因而制成成品后非常轻便。

（三）甩头皮

这种皮超过二毛皮标准，一般是在不正常情况下损失或宰杀羊只后得到的。毛长超过二毛，毛穗松散、毛尖不紧欠美观，不过保暖性强，通常作为大衣用皮。滩羊胎皮、二毛皮和甩头皮的毛股长分别为4.35cm、8.17cm和11.52cm；皮长分别为8.68cm、56.43cm和64.23cm，皮宽分别为323.36cm、34.49cm和40.20cm。

（四）老羊皮

老羊皮是只指老年滩羊屠宰或死亡后剥取的毛皮。这类毛皮皮板厚而坚韧，毛色纯白，光泽也较其他品种绵羊为佳，是御寒的良好衣着原料。在秋季剪毛后，到11月毛长5.0~8.5cm时屠宰或死亡羊只剥取的大羊皮，由于屠宰时羊只已经抓过秋膘，羊只膘肥体壮，毛皮毛足板结实。该羊皮毛股长度稍短，较轻便。

二、滩羊毛

滩羊毛虽属粗羊毛类型，但羊毛纤维细长均匀，具有自然弯曲，富有光泽和弹性，是制作提花毛毯的最佳原料，为其他羊毛所不及。滩羊毛具有两形毛含量高、干死毛少，纤维细、洁白、光泽好等特点。这些品质对粗纺和毯纺都非常珍贵。因此，滩羊毛可纺织较细的制服呢和大衣呢，质量较好。尤其是用滩羊毛制成的提花毛毯，其底绒丰满、水纹整齐、光泽好、弹性强、手感柔软、色泽协调、经久耐用，畅销国内外市场，深受消费者喜爱。

按照结构和形态，滩羊被毛可分为3种。

1. 辫型

这种被毛称为穗子毛，其特征是呈典型的毛辫结构，毛股长，且带波弯，两形毛含量多，这种被毛的二毛皮多为串字花，花穗美丽好看。

2. 松散型

又称为雀儿嘴，羊毛松散不成辫，密度小，有髓毛粗、硬、短，绒毛含量少，这种被毛的羊产毛量较低，但肥育效果特别好，增重快。

3. 绒毛形

又称为黏毛，主要由短的两形毛和绒毛组成，个别羊只肩部被毛呈毛丛结构，这种羊多含细毛羊血液。

第四节 2013—2017年滩羊育种项目实施效果

一、2013—2017年滩羊二毛性状

在2013年实施滩羊育种专项以来，通过前5年的选育，初生弯曲数从2013年的5.05个增加到2017年的5.68个，增加了0.63个。其中公羊从2013年的5.07个增加到2017年的5.68个，增加了0.61个；母羊从2013年的5.03个增加到2017年的5.67，增加了0.64个。

校正二毛弯曲数从2013年的5.65个增加到2017年的6.50个，增加了0.85个。其中公羊从2013年的5.63个增加到2017年的6.61个，增加了0.98个；母羊从2013年的5.67个增加到2017年的6.39，增加了0.72个。

初生毛长从2013年的5.00cm降低到2017年的4.40cm，下降了0.6cm。其中公羊从2013年的5.01cm下降到2017年的4.43cm，下降了0.62cm；母羊从2013年的4.99cm下降到2017年的4.37cm，下降了0.62cm。

而校正到 35 日龄的羊毛毛长从 2013 年的 7.45cm 增加到 2017 年的 8.02cm，增加了 0.57cm。其中公羊从 2013 年的 7.48cm 增加到 2017 年的 7.96cm，增加了 0.48cm；母羊从 2013 年的 7.42cm 增加到 2017 年的 8.07cm，增加了 0.65cm。说明通过选育，滩羊初生至二毛期间的羊毛生长速度增快（表 1-1）。

表 1-1　舍饲情况下滩羊的羊毛性状

年份		2013 年	2014 年	2015 年	2016 年	2017 年
出生弯曲数（个）	平均	5.05±0.82	5.28±0.93	5.3±0.9	5.82±1.23	5.68±0.91
	♂	5.07±0.89	5.37±1.00	5.44±0.91	5.92±1.29	5.68±0.97
	♀	5.03±0.75	5.19±0.86	5.17±0.88	5.68±1.15	5.67±0.85
校正二毛弯曲数（个）	平均	5.65±0.75	6.01±1.02	5.76±0.87	6.11±0.99	6.50±1.14
	♂	5.63±0.71	6.1±1.07	5.84±0.86	6.15±0.93	6.61±1.16
	♀	5.67±0.77	5.9±0.94	5.69±0.87	6.07±1.04	6.39±1.11
初生毛长（cm）	平均	5.00±0.64	4.58±0.55	4.41±0.67	4.49±0.54	4.40±0.57
	♂	5.01±0.65	4.63±0.56	4.37±0.70	4.47±0.53	4.43±0.57
	♀	4.99±0.63	4.54±0.55	4.45±0.64	4.50±0.54	4.37±0.57
校正二毛毛长（cm）	平均	7.45±0.68	7.06±0.86	7.35±1.05	7.56±0.97	8.02±1.18
	♂	7.48±0.66	7.09±0.84	7.41±1.12	7.53±0.89	7.96±0.86
	♀	7.42±0.71	7.03±0.87	7.30±0.99	7.59±1.05	8.07±1.45

二、2013—2017 年滩羊早期体重性状

在 2013 年实施滩羊育种专项以来，通过前 5 年的选育，初生重从 2013 年的 4.25kg 增加到 2017 年的 4.71kg，增加了 0.46kg。其中公羊从 2013 年的 4.3kg 增加到 2017 年的 4.80kg，增加了 0.50kg；母羊从 2013 年的 4.20kg 增加到 2017 年的 4.62kg，增加了 0.42kg。体重校正到 35 日龄的二毛重从 2013 年的 11.04kg 增加到 2017 年的 12.80kg，增加了 1.76kg。其中公羊校正到 35 日龄的二毛重从 2013 年的 11.44kg 增加到 2017 年的 13.25kg，增加了 1.81kg；母羊从 2013 年的 10.67kg 增加到 2017 年的 12.37kg，增加了 1.7kg。提留体重指的是 120 日龄体重，120 日龄体重从 2013 年的 26.44kg 增加到 2017 年的 27.94kg，增加了 1.5kg。

其中公羊 120 日龄体重从 2013 年的 26.74kg 增加到 2017 年的 29.43kg，增加了 2.69kg；母羊从 2013 年的 26.06kg 增加到 2017 年的 26.39kg，增加了 0.33kg。初生到二毛期日增重从 2013 年的 194g 增加到 2017 年的 231g，其中 2015 年和 2016 年初生到二毛期日增重较小，可能是营养引起的。二毛期到提留日增重 2016 年的结果较好，可能是后期营养较好，出现补偿性生长引起（表 1-2）。

表 1-2 舍饲情况下滩羊体重性状

年份		2013 年	2014 年	2015 年	2016 年	2017 年
初生重（kg）	平均	4.25±0.59	4.38±0.73	4.6±0.82	4.7±0.58	4.71±0.70
	♂	4.30±0.6	4.44±0.76	4.71±0.82	4.82±0.53	4.80±0.72
	♀	4.20±0.57	4.33±0.7	4.55±0.82	4.53±0.59	4.62±0.68
校正二毛重（kg）	平均	11.04±2.2	12.33±3.47	10.50±1.69	10.53±1.35	12.80±3.35
	♂	11.44±2.36	12.89±3.74	10.79±1.44	10.66±1.37	13.25±3.61
	♀	10.67±1.98	11.81±3.1	10.20±1.86	10.37±1.31	12.37±3.02
初生到二毛期日增重（g）	平均	194±4.2	227±6.9	168±1.9	166±4.1	231±1.0
	♂	204±3.5	241±6.6	173±1.1	166±4.5	241±1.2
	♀	185±0.33	213±6.5	161±0.9	166±4.3	221±0.9
二毛期到提留日增重（g）	平均	181±3.1	135±4.2	—	194±0.4	178±4.2
	♂	180±3.9	151±4.3	—	218±0.4	190±4.1
	♀	181±2.9	131±3.8	—	172±0.3	164±4.1
提留体重（kg）	平均	26.44±5.07	23.81±4.79	—	27.06±5.88	27.94±5.25
	♂	26.74±5.69	25.80±5.53	—	29.26±6.04	29.43±5.58
	♀	26.06±4.09	23.01±4.79	—	24.97±4.88	26.39±4.35

第五节　不同形态滩羊毛氨基酸含量变化

宁夏是我国十大牧区之一，是全国罕见的最适合滩羊生长的生态地理区域。滩羊作为宁夏的特产，正是宁夏特殊生态环境的产物。滩羊跟其他绵羊品种的区别是其整体毛色更加洁白且光泽悦目、具有更多的弯曲与丰富的花穗类型。羊毛作为羊身上的主要产品之一，其经济价值对于养羊业有着极高的重要性。同时羊毛也是纺织加工业的重要原料，而弯曲度作为羊毛的性状之一，其对羊毛加工过程、最终纺织成品的性质以及经济产品的价值有深远的影响，所以羊毛质量的优劣与其弯曲程度的大小直接影响到养羊业的发展。而羊毛的物理性质作为羊毛品质的基础，它不仅影响了羊毛与其他纤维产品的区别，并且还决定着羊毛的经济与工艺价值。在羊毛类产品的生产中应根据羊毛特点与性质来甄别羊毛的品质，提出生产中的质量指标与经济指标，以此来满足消费者的需求。滩羊断奶羔羊的日龄在35d左右，这时羊毛纤维长7cm以上，毛梢处具有不同程度的弯曲，毛股弯曲数为5个或以上，此时羔羊被毛由绒毛和两形毛组成。花穗形不同导致绒毛和两形毛的比例不同。随着羔羊的生长，根部的两形毛变得没有弯曲。

动物机体随时进行着复杂的变化，各性状间存在着一定的相互关系，所以在研究羊毛弯曲性状的同时必须考虑与之有关的其他性状。羊毛主要是由蛋白质构成，氨基酸是组成蛋白质的最小单位。目前研究发现羊毛中含有18种氨基酸。其中含硫氨基酸，即蛋氨酸、胱氨酸、半胱氨酸被认为是影响羊毛生长的限制性氨基酸。滩羊断奶羔羊中，两形毛与绒毛纤维中的天门冬氨酸、丝氨酸、胱氨酸等18种氨基酸中，以谷氨酸、精氨酸、丝氨酸和胱氨酸含量最高，蛋氨酸、色氨酸含量较低。李树伟等在新疆4种绵羊羊毛氨基酸含量测定中表明，硫在羊毛中存在的形式主要为胱氨酸（二硫键，占羊毛蛋白质中含硫氨基酸的90%以上），微量的与胱氨酸类似的羊毛硫氨酸（硫醚键），然后以蛋氨酸的形式存在。二硫键使羊毛纤维分子具有很高的化学稳定性，所以含硫氨基酸，即胱氨酸、半胱氨酸和蛋氨酸是绵羊的限制性氨基酸。羊毛中氨基酸含量上的差异造就了两形毛与绒毛形态和结构上的差异，且羊毛中氨基酸的含硫量是造成羊毛弯曲的主要原因。

有关资料显示，羊毛中胱氨酸的含量与羊毛的强度、硬度和弹性有关，且当断奶羔羊羊毛中胱氨酸的含量较低时，说明其羊毛的硬化程度较小。不同形态的羊毛纤维，其氨基酸组成也不同。因此，对羊毛氨基酸成分和含量的研究，具有重要意义。但是关于不同形态滩羊毛的氨基酸含量分析，以及氨基酸含量对不同形态羊毛生产性状的影响，目前研究的还很少。因此，对不同形态滩羊毛氨基酸含量进行研究，可以深入探索氨基酸与毛纤维形态的关系，为改善绵羊羊毛生产性状及羊毛品质的调控提供理论依据。

一、材料与方法

（一）样品采集

在宁夏盐池滩羊选育场选取采集断奶公羔羊，选取羊毛弯曲较好的羊 5 只，在左侧部肩胛骨后缘划出的 10cm×10cm 面积上，将羊毛沿基部剪掉，将采集的样品装入信封带回试验室备用。

采集好的羊毛样本，用一只手捏住两形毛毛梢处在手指上绕两圈固定，另一只手用密齿梳仔细将绒毛从毛根处梳下，反复检查已经分离出的绒毛中是否掺杂两形毛，将其中掺杂的两形毛用镊子挑出。绒毛与两形毛分类完成后，再将两形毛按照有无弯曲用剪刀分成两份，一份为有弯曲部分，另一份为无弯曲部分。最后将分离好的绒毛和两形毛（有弯曲与无弯曲）重新按照编号分类分装，并做好记录。

（二）试剂和仪器设备

1. 试剂

盐酸溶液、氢氧化锂溶液、过甲酸溶液、偏重亚硫酸钠溶液、液氮、稀释上机用柠檬酸钠缓冲液、不同 pH 和离子强度的洗脱用柠檬酸钠缓冲液、茚三酮溶液、氨基酸混合标准储备液、混合氨基酸标准工作液等。

2. 仪器设备

样品筛、氨基酸自动分析仪（赛卡姆 S-433D）、喷灯、分析天平、旋转蒸发器、实验用样品粉碎机、恒温箱、真空泵。

（三）试验方法——毛样氨基酸含量的测定

羊毛样品氨基酸含量的测定参照《饲料中氨基酸的测定》（GB/T 18246—2000）和《饲料中含硫氨基酸的测定中　离子交换色谱法》（GB/T 15399—2018）进行测定。

二、结果与分析

（一）断奶羔羊绒毛与两形毛所含氨基酸含量分析

1. 断奶羔羊绒毛与两形毛有弯曲部分所含氨基酸含量分析

表1-3结果显示，滩羊断奶羔羊绒毛与两形毛有弯曲部分所含18种氨基酸中，两形毛有弯曲部分中的异亮氨酸、亮氨酸、苯丙氨酸、组氨酸、天门冬氨酸、苏氨酸、丝氨酸、谷氨酸、丙氨酸、缬氨酸、赖氨酸、精氨酸、脯氨酸、蛋氨酸和色氨酸含量极显著高于绒毛（$P<0.01$），其他氨基酸两组间差异不显著（$P>0.05$）。

2. 断奶羔羊绒毛与两形毛无弯曲部分所含氨基酸含量分析

两形毛无弯曲部分中天门冬氨酸、苯丙氨酸、组氨酸、赖氨酸、精氨酸、脯氨酸、苏氨酸、丝氨酸、谷氨酸、丙氨酸、缬氨酸、异亮氨酸、亮氨酸、蛋氨酸和色氨酸含量极显著高于绒毛（$P<0.01$），两形毛无弯曲部分中胱氨酸含量显著高于绒毛（$P<0.05$），其他氨基酸两组间差异不显著（$P>0.05$）。

（二）断奶羔羊两形毛有弯曲与无弯曲部分氨基酸含量分析

滩羊断奶羔羊两形毛有弯曲部分与无弯曲部分所含18种氨基酸中，有弯曲部分中天门冬氨酸、苏氨酸、异亮氨酸、亮氨酸丝氨酸、谷氨酸、缬氨酸和脯氨酸8种氨基酸含量差异显著（$P<0.05$），其他氨基酸两组间差异不显著（$P>0.05$）。

表1-3 不同形态羊毛氨基酸含量分析　　　　（单位：mg/100mg）

	绒毛	两形毛/有弯曲	两形毛/无弯曲
天门冬氨酸	4.55±0.46Bc	6.13±0.13Aa	5.68±0.36Ab
苏氨酸	4.55±0.35Bc	5.61±0.15Aa	5.15±0.35Ab
丝氨酸	6.73±0.50Bc	8.09±0.15Aa	7.53±0.51Ab
谷氨酸	10.08±0.90Bc	13.46±0.24Aa	12.43±0.70Ab
甘氨酸	3.77±0.23a	3.93±0.14a	3.77±0.27a
丙氨酸	2.65±0.28B	3.50±0.06A	3.25±0.24A
缬氨酸	3.79±0.33Bc	4.80±0.09Aa	4.44±0.28Ab

（续表）

	绒毛	两形毛/有弯曲	两形毛/无弯曲
组氨酸	1.33±0.11A	1.38±0.08AB	1.47±0.09B
亮氨酸	5.35±0.52Bc	7.08±0.12Aa	6.58±0.41Ab
酪氨酸	3.78±0.25a	3.72±0.16a	3.66±0.28a
苯丙氨酸	2.34±0.20B	2.83±0.15A	2.73±0.21A
异亮氨酸	2.33±0.22Bc	3.16±0.08Aa	2.93±0.19Ab
赖氨酸	2.36±0.26B	3.17±0.07A	2.99±0.18A
精氨酸	6.74±0.58B	8.90±0.19A	8.38±0.57A
脯氨酸	4.36±0.28Bc	5.11±0.12Aa	4.79±0.27Ab
蛋氨酸	0.39±0.03B	0.50±0.01A	0.48±0.02A
胱氨酸	7.86±0.43a	8.24±0.22ab	8.31±0.37b
色氨酸	0.32±0.03B	0.43±0.04A	0.44±0.03A

注：同一行不同大写字母表示差异极显著（$P<0.01$），不同小写字母表示差异显著（$P<0.05$），相同小写字母时表示差异不显著（$P>0.05$）

三、讨论

（一）断奶羔羊绒毛所含氨基酸含量分析

孙占鹏对舍饲成年母滩羊绒毛中的氨基酸含量进行了测定，与其测定结果相比，本次试验测得的宁夏盐池滩羊断奶羔羊绒毛中的天门冬氨酸、苏氨酸、丝氨酸、甘氨酸、缬氨酸、苯丙氨酸、赖氨酸、异亮氨酸、亮氨酸、酪氨酸、组氨酸和脯氨酸含量较其略高，而谷氨酸、丙氨酸、胱氨酸、精氨酸、蛋氨酸和色氨酸含量与其相比要低，其中胱氨酸含量差异较大，本次试验测定的胱氨酸在绒毛中的含量与其结果相比要低将近1/2。而与张汉武等对甘肃不同类型产区滩羊羊毛氨基酸相比，发现胱氨酸和组氨酸含量则是略高于景泰产区滩羊，其他测定结果一致。说明我们的结果和张汉武等人的研究结果一致。

而在检测的各组间存在差异，是由于羊毛形态差异造成的，绒毛的直径较小，在 20μm 以下，而两形毛的直径较粗，在 30μm 左右。滩羊绒毛是无髓毛，故没有髓质部，只有皮质部，皮质部由正副皮质构成。而两形毛是有点髓状。所以对滩羊毛来说，两形毛不是由绒毛变粗而形成的，其形态和结构导致了其氨基酸组成的差异。

（二）断奶羔羊两形毛所含氨基酸含量分析

在二毛期后，随着滩羊的生长，羊毛的长度变长，羊毛的弯曲消失，羊毛变直，到断奶时，滩羊毛从形态上来说，前段为有弯曲的毛，后端为直毛。在形态上的差异可能是羊毛蛋白质组成变化造成的。通过对羊毛的氨基酸进行测定，发现有弯曲部分中天门冬氨酸、苏氨酸、丝氨酸、谷氨酸、缬氨酸、异亮氨酸、亮氨酸和脯氨酸显著高于无弯曲羊毛，而含硫氨基酸在直毛中高于有弯曲的羊毛，但差异不显著。张汉武等人研究发现，在甘肃滩羊主产区的羊毛胱氨酸低于过渡区，也就是说弯曲多的羊毛中胱氨酸低于弯曲少的羊毛，这与本研究结果一致。且何士勤在羊毛的含硫量和氨基酸的组成研究中发现，羊毛弯曲度与羊毛内含硫量呈正相关，与羊毛中胱氨酸含量并无相关性。说明羊毛的弯曲与否与含硫氨基酸没有关系。

四、结论

不同羊毛之间存在氨基酸组成的差异。测定了两形毛中弯曲部分和无弯曲部分的氨基酸组成，发现两组中含硫氨基酸没有差异。

第二章　羊毛纤维的基本结构

第一节　羊毛囊和毛纤维的结构

羊毛是养羊业的主要产品之一，也是毛纺工业的重要原料，它的产量和质量直接关系到养羊业和毛纺工业的发展。

一、羊毛的构造

在形态学上，羊毛可分成 3 个基本部分，即毛干、毛根和毛球。

1. 毛干

是羊毛纤维露出皮肤表面的部分，这一部分通常称为毛纤维。

2. 毛根

羊毛纤维在皮肤内的部分称为毛根，它的上端与毛干相连，下端与毛球相连。

3. 毛球

位于毛根下部，为毛纤维的最下端部分，毛球围绕着毛乳头并与之紧密相接，外形膨大成球状，故称为毛球。它依靠从毛乳头中获得的营养物质，使毛球内的细胞不断增殖，而促使羊毛纤维的生长。

除上述外，羊毛纤维的周围还有一些有关组织和附属结构。

毛乳头：位于毛球的中央，是供给羊毛营养的器官，它由结缔组织组成，其中分布有密集的微血管和神经末梢。毛乳头对于羊毛的生长具有决定性作用，因为随着血液进入毛乳头的营养物质渗透到毛球内，保证了毛球细胞的营养，而且羊毛生长的神经调节作用也是通过它来实现的。

毛鞘：是由数层表皮细胞所构成的管状物，它包围着毛根，所以亦称根鞘。毛鞘可分为内毛鞘和外毛鞘。

毛囊：是毛鞘及周围的结缔组织层，形成毛鞘的外膜，如囊状，故称毛囊。

皮脂腺：位于毛鞘两侧，分泌导管开口于毛鞘上 1/3 处，分泌油脂。油脂与汗液在皮肤表面的地方混合，称为油汗，对毛纤维有保护作用。

汗腺：位于皮肤深处，其分泌导管大多数开口于皮肤表面，也有的开口于毛囊内接近皮肤表面的地方。其生理作用主要是调节体温和排出无用的代谢产物。

竖毛肌：是生长于皮肤较深处的小块肌纤维。它一端附着在脂腺下部的毛鞘上，另一端和表皮相连。通过竖毛肌的收缩和松弛，调节皮脂腺和汗腺的分泌，以及调节血液与淋巴液的循环。

二、羊毛纤维的基本结构

羊毛是一种角化的表皮结构，是皮肤的衍生物。坚韧而富有弹性，基本结构包括毛干和毛根两部分，直接从羊身上剪下的羊毛称为原毛，是毛干部分。电子显微镜观察，细羊毛的毛干是由鳞片层和皮质层组成，粗羊毛除上述两层外，毛干中心还具有髓质层（也被称为毛髓）。根据有无髓腔可将羊毛分为有髓毛、两形毛和无髓毛（图 2-1）。

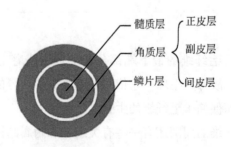

图 2-1　羊毛结构模式示意

（一）鳞片层

鳞片层为毛的最外层，由角化透明的无核扁平细胞有规律地排列构成，鳞片状细胞的形态和排列因动物进化适应及发育不同而呈现出不同结构。故哺乳动物毛鳞片的类型及其排列规律可作为动物属种划分的依据。毛纤维独有的表面鳞片层主要由角质化的扁平状角蛋白细胞组成，角质化蛋白约占整个角质细胞的60%，其中胱氨酸含量很高，大约每5个氨基酸残基就含有1个胱氨酸残基，较难被膨化。薄片状的角蛋白细胞以鱼鳞状重叠覆盖，其基部附着于毛干，游离部伸出毛干表面且指向毛尖，按不同程度突出于纤维表面并向外张开形成一个阶梯状鳞片结构包覆在毛干的外部，其主要作用是保护羊绒、羊毛纤维不受外界条件的影响。鳞片表层形成对化学药剂侵蚀作用抵抗力极强的疏水薄膜，也是阻止染料向毛纤维内部扩散的表面屏障，染料分子被纤维表面吸附后向纤维内部的扩散首先要通过鳞片层。同时，鳞片使毛纤维具有独特的摩擦性、缩绒性、吸湿滞后性等以及不同于其他纤维的光泽和手感（图2-2）。

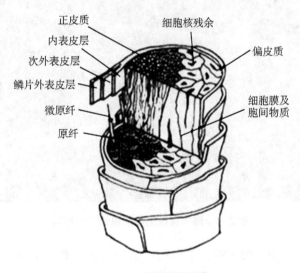

图2-2 羊毛鳞片结构

电镜下羊绒纤维横截面多为规则的圆形，表面的鳞片呈环状，包覆于毛干，鳞片表面较光滑，边缘细而清晰，与毛干的倾斜角度小，辉纹不明显，鳞片暴露部分大，形态较规整。由此鳞片密度小，平均 1~2 个环状鳞片可紧紧围绕绒毛，细羊毛绒毛则多由 1 个环状鳞片所围绕；单位纤维长度（1mm）的鳞片数目为 60~80 个，厚度约 0.4μm。

（二）羊毛鳞片表面形态

扫描电镜下，羊毛鳞片倾斜排列，形态不规则，表面多粗糙而不光滑，边缘较粗且不太清晰，鳞片排列较紧密（图 2-3 至图 2-5）。鳞片密度大，单位纤维长度（1mm）的鳞片数目为 80~110 个，粗毛在 50 个/mm 左右；鳞片厚度约为 0.8μm。此外，鳞片的表面尚有一些平行于纤维轴的纵向辉纹存在。羊毛表面的鳞片主要有 3 种覆盖形态：环状覆盖、瓦状覆盖和龟裂状覆盖。鳞片排列的疏密和附着程度，对羊毛的光泽和表面性质有很大的影响。

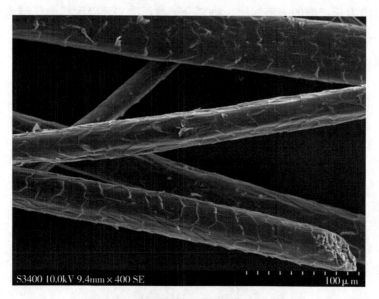

图 2-3　滩羊有髓毛扫描电镜鳞片结构

羊毛分为粗、中、细 3 种，羊毛鳞片结构特征也有所不同。粗羊毛（图 2-3）表面粗糙，鳞片呈扁形、不规则形或近四边形相互衔接，边缘粗而不清晰，辉纹明显，暴露面积较大或全部暴露。两形毛（图 2-4）羊毛鳞片形状呈片段状或近似长方形鳞片，鳞片互相覆盖或互相衔接；鳞片暴露面积比细羊毛大，鳞片

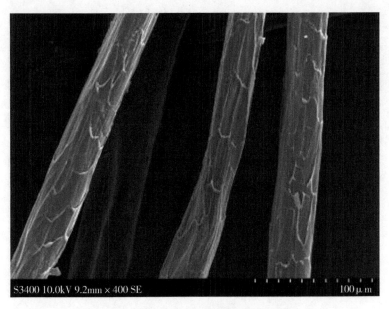

S3400 10.0kV 9.2mm × 400 SE　　　　　　　　　　　100μm

图2-4　滩羊两形毛扫描电镜鳞片结构

表面辉纹明显。细羊毛（图2-5）鳞片边缘线粗而不清晰，与毛干形成较大倾斜，侧面有较多锯齿样向外突出；鳞片表面粗糙、不光滑，辉纹较明显。

（三）皮质层

皮质层位于鳞片层的内侧，由沿毛纤维纵向紧密排列的角质化细胞所构成，微观结构为多级结构，其细胞间质（CMC）由薄膜状的结合构成。皮质层为羊毛内部维持毛纤维整体性的最基本的主体部分，占羊毛总质量的90%以上，也是决定毛纤维化学、物理和机械性质的主要部分。角质层又可分为正皮质（Ortho-cortical）、副皮质（Paracortical）和间皮质（中间皮质）三部分，由多种角蛋白及角蛋白相关蛋白组成。正皮质细胞组成的巨纤维丝构成羊毛纤维骨架，呈螺旋状，规则整齐；而副皮质区巨纤维丝含量少，中皮质结构介于二者中间。

正、副皮质细胞的数量和分布在粗细和弯曲不同的羊毛中都有较大变化。优质细羊毛中，两种皮层细胞聚集在毛干的两侧，沿卷曲的纤维轴向方向互相缠绕。在以细毛著称的美利奴羊毛中，角质层的正、副皮质细胞呈两侧对称且均匀分布，正皮质细胞总是位于羊毛的外侧，副皮质细胞位于羊毛的内侧。细羊毛皮

S3400 10.0kV 9.5mm × 400 SE   100μm

图 2-5 滩羊绒毛扫描电镜鳞片结构

质层主要由正、副皮质细胞组成，正皮质细胞含量为 66%~68%，副皮质细胞为 28%~32%，中皮质细胞仅为 1%~4%，优质的美利努细羊毛则几乎不存在中皮质细胞。但在美利奴羊突变体中，只有副皮质而无正皮质细胞，羊毛较正常羊毛粗且光泽增加。粗羊毛纤维中，正皮质细胞多集中在中央，副皮质细胞分布在环上，且卷曲很少或无卷曲（图 2-6，图 2-7）。

羊毛纤维结构如图 2-8 所示。正皮质层与副皮质层的本质区别在于副皮质层中蛋白质多为含硫蛋白质，即羊毛纤维溶解后的半胱氨酸残基含量较丰富，而正皮质层为低硫蛋白质。由于羊毛纤维中的二硫键主要存在于副皮质层中，因此副皮质层的物理性质及化学结构比正皮质层更加稳定。中皮质细胞位于正皮质细胞和副皮质细胞之间，其间基质的比率也介于二者之间。副皮质细胞中巨原纤维的数量比较少，与基质比率也比较低。Jeffrey 等（2007）在研究中发现美利奴羊毛的基质在正皮质、副皮质以及中间皮质细胞中分别占 42%、61% 和 54%。在不同品种的绵羊内或之间，羊毛细度变大时，正皮质细胞的比例也变大，中皮质细胞和副皮质细胞的比例变小，说明羊毛的粗细跟正皮质细胞成正比，跟中皮质细胞

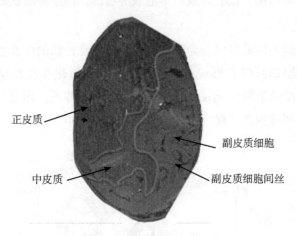

图 2-6　滩羊细毛透射电镜

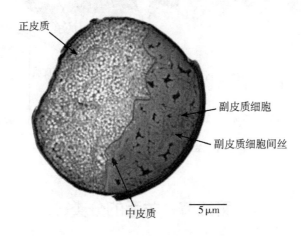

图 2-7　罗姆尼羊毛透射电镜

成反比。山羊绒皮质层主要由正、副和中皮质（Meso-cortex）细胞组成，山羊绒与细羊毛的正皮质及副皮质细胞在毛纤维中的分布相似，同属双边分布，其正皮质细胞分布在皮质层一侧，中皮质细胞和副皮质细胞分布在皮质层另一侧。虽然是双边分布，但二者的皮质层结构仍有显著差异。山羊绒正皮质细胞含量为 40%~64%，副皮质细胞含量为 16%~30%，中皮质细胞含量为 21%~37%，由于中、副皮质的混杂作用，没有形成如羊毛般的卷曲，而呈蜷缩状称为蜷曲。

（四）髓质层

髓质层是有髓毛的最里层，为海绵状的角质，是松软的多孔性结构，内含有大量的空气。髓层是纤维在形成过程中没有充分角质化及在髓层部位缺硫的结果，故髓质层纤维的机械性能较差，易于拉断，不易伸长，而且难于染色。滩羊的两形毛髓腔为断续的点状髓（图2-8）。

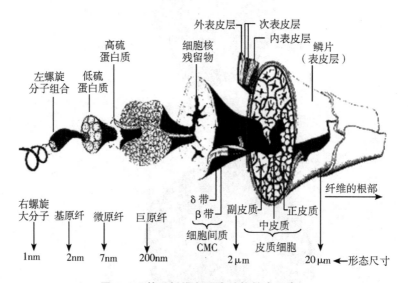

图 2-8　羊毛纤维各层次结构综合示意

第二节　羊毛的分类

主要是根据羊毛纤维的表观形态（包括其长短、弯曲形状等）、细度，并依据组织学构造和其他（如生长部位、工艺价值等）条件为辅助指标，将羊毛纤维分为4个类型。

一、刺毛

亦称覆盖毛。着生于羊只面部和四肢下部，有时羊尾端也有。其特点是粗、短、硬，微呈弓形。组织学构造分为 3 层，髓质层为连续状。鳞片小而紧贴毛干，为非环形鳞片。纤维表面光滑，因而光泽较亮。长度为 1.5cm 左右。

刺毛毛根在皮肤内呈倾斜状生长，所以它在皮肤上形成了与其他类型纤维不同的毛层。由于刺毛短，加之着生部位特殊，剪毛时一般不剪。在毛纺工业中，无利用价值。

二、有髓毛

可分为正常有髓毛、干毛和死毛 3 种。干毛和死毛都是正常有髓毛的变态毛。

（一）正常有髓毛

又称发毛或刚毛。是一种粗、长而无弯曲或少弯曲的毛纤维。粗毛羊和细毛羊、半细毛羊与粗毛羊杂交的低代杂种羊的被毛中具有这种毛纤维。由于它较其他类型的毛纤维长，因此组成了混型被毛突出于被毛表面的外层毛。

正常有髓毛的细度范围变异较大，一般在 40~120μm，组织学结构由 3 层组成，即鳞片层、皮质层和髓质层。鳞片为非环状鳞片，紧贴在毛干上，因此有髓毛光泽较好。髓质层为连续状，其髓腔的大小，往往是随着毛纤维直径的变粗而增大。

有髓毛的手感比较粗糙，缺乏柔软性。它在整个被毛中的含量及其细度，是评价粗毛品质好坏的重要指标之一。粗毛羊品种和细毛羊、半细毛羊与粗毛羊杂交的低代杂种，其毛被中有髓毛所占纤维类型也是评价的重要指标之一。

（二）干毛

是有髓毛的一种变态毛，其组织学构造与正常有髓毛相同，外形特点是纤维上端粗硬、较脆、缺乏光泽，羊毛纤维干枯。形成干毛的原因，主要是羊毛在生长过程中由于纤维上半部受雨水侵袭，以及风吹、日晒、气候过于干燥等外界因素的影响，失去油汗，以及引起细胞内物质及细胞间的联系发生变化，使纤维变硬易断，毛质干枯，成为干毛。干毛多见于毛的上端，整个毛纤维变干的少见。其工艺价值很低，被毛中存在的干毛越多，羊毛品质越差，是毛纺工业上的瑕疵毛。

（三）死毛

羊只被毛中那些粗、短、硬、脆、无规则弯曲，而且呈灰白色的纤维。其细度为 $60\sim140\mu m$，更粗者可达 $200\mu m$。

这种纤维易于折断，少光泽，不能染色。其组织学构造的特点是髓质层特别发达，皮质层极少，横切面常呈扁的不规则形。死毛完全丧失了纺织纤维所应当有的主要技术特征，如强度、伸度、光泽和对染料的亲和能力等，因此含有死毛的羊毛，品质会大大降低。

三、无髓毛

无髓毛亦称绒毛，在混型粗毛中它存在于被毛的底层，又称内层毛或底绒。细毛羊的被毛基本上全部由无髓毛组成。从表观上看，无髓毛一般细、短、弯曲多而且整齐。其细度为 $15\sim30\mu m$，长度在 $5\sim15cm$。

无髓毛的组织学结构，由鳞片层和皮质层组成。鳞片为环状，排列紧密，边缘翘起程度大，纤维表面不光滑。纤维除鳞片外，全部为皮质层所充满。其横切面形状呈圆形或接近圆形。具有良好的纺织性能，所以无髓毛是最有价值的纺织原料。

无髓毛对于粗毛羊来说具有保护性能，它在寒冷季节可以防止体温散失，在春暖时自然脱落，在秋冬季节又重新生长。

四、两形毛

两形毛也称中间型毛，其细度、长度以及其他工艺价值介于无髓毛和有髓毛之间。一般直径为 $30\sim50\mu m$。毛纤维较长。

两形毛也由鳞片层、皮质层和髓质层构成，但髓质较细，多呈点状或断续状，或一部分有髓，一部分无髓，其鳞片排列及形状介于有髓毛与无髓毛之间。

在工艺价值上，两形毛要比有髓毛好得多，两形毛比例大的羊毛，是制造提花毛毯和一般毛毯、长毛绒、地毯等的优质原料。

第三章　羊毛性状的检测指标

第一节　羊毛的物理性状

羊毛纤维作为一种天然高分子材料，具有较强的吸湿性、回弹性及一定的耐光耐热性。一定细度和长度的羊毛纤维适合纺纱，还具有一定的自清理功能，可用于织物纤维的制备，羊毛纤维的导电性还可应用于一些导电材料等。

一、吸湿性

羊毛的吸湿性是指在自然状态下羊毛吸收和保持水分的能力。羊毛吸收并保持水分的多少通常用回潮率表示。羊毛吸水能力很强，一般情况下原毛含水量为15%~18%，当空气湿度大时吸水可达其本身重量的40%以上。羊毛吸湿性大，是因为羊毛的鳞片结构形成的多孔性有利于水分的附着吸收，另外羊毛中存在有羟基（-OH）、羧基（-COOH）和酰胺基（$CONH_2$）等对水分的亲和力强，导致毛束和毛从内也可以积蓄一些水分。

回潮率亦称吸湿率，指净毛中所含水分占其净毛绝对干重量的百分比，是表示羊毛吸湿性大小的重要指标。羊毛纤维的回潮率不是一个固定值，会随着外界空气的温度、相对湿度、大气压力、存放的时间以及纤维的种类，甚至同一种纤维的不同状态而变动。因此，为了便于比较羊毛的吸湿性和羊毛交易中合理计算羊毛的重量，常用以下几种回潮率。

（一）标准回潮率

羊毛的回潮率随所处地温度、湿度的变化而变化。国际羊毛贸易中，为合理计重，从 1875 年起就在国际范围内开始了制定标准回潮率的工作。目前，国际羊毛贸易中，对不同种类羊毛含水量有国际标准，即标准回潮率。标准回潮率一般要求在标准大气条件下测定，我国规定的标准大气条件为 20℃±2℃，相对湿度为 65%±3%。

（二）公定回潮率

在羊毛贸易上，因各地区温度和湿度不同使羊毛重量有增有减。因此，为了正确决定羊毛重量以便合理计价，每个国家根据自己的具体情况由国家颁布各自的回潮率标准，叫作公定回潮率。各国的公定回潮率是不同的，国际上规定的羊毛公定回潮率粗毛净毛为 16%，细毛净毛为 17%。我国规定的细毛净毛和半细毛净毛公定回潮率为 16%，改良毛净毛公定回潮率为 15%。

二、弹性

干燥的羊毛纤维的断裂伸长率大概在 25% 之上，湿态下羊毛纤维的断裂伸长率更高，可达 50%。与其他纤维制品相比，羊毛纤维具有较强的回弹性和保暖亲肤性，羊毛制品的弹性占很强的优势。

三、导电性

干净的羊毛具有很大的电阻率，是电的不良导体。羊毛角蛋白中二硫键含量较高，用强氧化剂过氧乙酸对二硫键进行氧化得到磺酸基团，其所带的质子具有导电性，利用这一发现可制备角蛋白的导电材料。

四、阻燃性

羊毛与纤维素纤维相比可燃性较弱，遇到火焰烧焦，收缩成团而脱落。此外，羊毛还发生阴燃。在天然纤维中，羊毛纤维是较难燃的，因它含有较多的氨基和亚氨基，燃烧时能产生不燃性氮，高达 16%，而且回潮率也较高，约 15%，所以羊毛的难燃性可以说是由其化学结构和形态结构所决定的。

第二节 羊毛的化学特性

一、羊毛之间的化学键

羊毛纤维含有的大量化学键使其具有一些独特的性能，如盐键、范德华力、氨键、疏水键、二硫键及醋酸键等在羊毛纤维中大量的存在使其结构具有稳定性，其中对化学结构起主要稳定作用的就是二硫键。因此，要制得角蛋白关键是打开二硫键，并且控制得到的半胱氨酸键不会再次结合成二硫键，但是氨键、盐键等化学键的存在也不能忽视，考虑到不同试剂对化学键的不同作用，往往采用多种试剂共同作用来溶解羊毛纤维。其化学键的存在也影响羊毛的耐酸碱能力，例如羊毛纤维对于弱碱性物质具有一定的抵抗能力，但是碱性物质的量及作用条件对羊毛纤维的破坏程度也有很大影响。强碱性物质对羊毛的破坏能力较大，它可打开羊毛纤维中的盐键，断开胱氨酸中的二硫键，所以在洗涤羊毛纤维及羊毛纤维制品时不宜用碱性物质，会缩短其使用寿命。

二、羊毛纤维的化学结构

羊毛纤维中含有大量的角蛋白，是具有巨大潜在应用价值的一类有机大分子。同其他蛋白质一样，羊毛角蛋白基本组成单位是氨基酸，氨基酸缩合形成的具有一定空间结构的肽链，进一步形成具有多级结构的蛋白质，如图 3-1 所示，主要是蛋白质的一级结构，即二硫键的位置及多肽链的排列方式。研究人员经过大量研究后发现其结构都是五化环的重复排列结构：A（C-C-X-S-S/T）或 B（C-C-X-P-X），C（C，半胱氨酸），S（Ser，丝氨酸），T（Thr，苏氨酸），P（Pro，脯氨酸），X 代表除上述 4 种氨基酸外任意能够组成蛋白质的氨基酸。

羊毛纤维的二级结构主要是指 α-螺旋结构和 β-折叠结构，如图 3-2 所示，在羊毛纤维中绝大多数是 α-螺旋结构，因此也称羊毛角蛋白为 α-角蛋白。α-角蛋白结构中含有大量的半胱氨酸基团，主要以二硫键的形式结合，因此结构和化学性质都比较稳定。羊毛蛋白分子链中 α-螺旋构象沿圆柱体表面呈螺旋卷曲状，

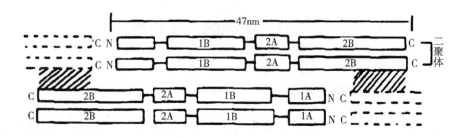

图 3-1　角蛋白的重复结构单元示意

每一圈含有 3.6 个氨基酸残基，但螺旋形卷曲有约 18°的倾斜角度。β-折叠结构又分为平行结构和反平行结构。动物的羽毛主要以 β-折叠结构存在，因此常称羽毛蛋白为 β-角蛋白。β-角蛋白没有 α-角蛋白结构稳定，在一定条件下 β-角蛋白可以转化为结构和化学性质更加稳定的 α-角蛋白。

　　研究发现，并非所有羊毛蛋白的分子链都有螺旋构象，只在硫蛋白占约 50%的羊毛蛋白中存在，高硫蛋白分子链是无规则卷曲。羊毛在有水时可拉伸，伸长率大于 20%时，分子螺旋构象发生变化，当伸长率达到 35%时，变化明显，当伸长率达到 70%时，则完全转化为 β-构象；松弛后，分子构象发生可逆变化，可恢复到 α-构象。拉伸过程中，若多肽链之间形成稳定交键，可以防止分子构象的恢复，使羊毛纤维在较长时间内保持伸长后状态。

三、角蛋白的组成及结构

　　羊毛的主要成分是角蛋白（Keratin），角蛋白在毛发中形成角蛋白中间丝（Keratin Intermediate Filament，KRT-IF）和角蛋白相关蛋白（Keratin Associated Proteins，KAPs）。KRT-IF 是构成羊毛的骨架，分子的尾端富含半胱氨酸残基，KRT-IF 的二级结构主要为七肽构成的右旋 α-螺旋，每 4 个 α 螺旋肽链之间由一段非螺旋肽链连接，第一个与第四个多为非极性氨基酸，由此右旋的 α 肽链上出现了一条左旋的非极性氨基酸残基，使不同中间纤维蛋白分子的螺旋部分形成二聚体，二聚体是羊毛微纤维物理结构亚单位。

　　KAPs 围绕在 KRT-IF 的周围并以二硫键与之相连，在皮质细胞中形成微纤维，电镜下，羊毛超微结构为 16 个中间纤维蛋白分子二聚体构成一个中空的微

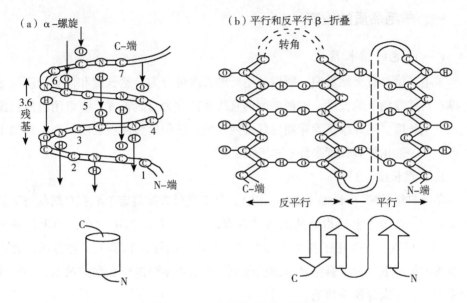

图3-2 a-螺旋结构与 β-折叠结构

纤维。大量微纤维束经角质化形成羊毛。KAPs 在中间丝纤维组合成更高一级纤维的过程中起着重要的作用，在毛囊发育的晚期，KAPs 先于 KRT-IF 在羊毛的正皮质中表达，KAP 含量及蛋白质组成因品种和个体有较大差异。

角蛋白一级结构包括主链和侧链，主链为多缩氨酸链，主链间形成盐式键和氢键等空间联键，因此毛发结构有着极高的稳定性。侧链由多种不同氨基酸构成，各链间通过半胱氨酸形成二硫键，遇到空气产生膨胀并形成稳定的毛发结构；侧链的种类和性质决定了角蛋白整体的物理和化学性质。

第三节 羊毛主要性状的检测

绵羊毛性状主要分为毛品质和产毛两个方面，毛品质包括长度（SL）、细度（FD）、纤维直径变异系数（CVFD）、纤维直径标准偏差（FDSD）、弯曲（Crimp）、弯曲数（CN）、密度（Density）等，产毛主要包括剪毛量、净毛重、净毛率（Yield）等。

一、羊毛品质的检测

(一) 毛纤维长度

羊毛纤维具有天然卷曲，所以羊毛纤维长度可分为自然长度和伸直长度。毛纤维在自然卷曲下的长度，即两端间的直线距离称为自然长度，一般用自然长度表示毛丛长度。毛纤维消除弯曲后纤维两端的直线距离为伸直长度，在毛纺加工生产中，一般用伸直长度来评价羊毛的品质。

1. 自然长度

羊毛自然长度（Staple Length，SL），是用直尺直接测定羊毛在自然状态下的纤维长度。在羊体上是指毛丛的自然垂直高度。一般在剪毛之前，羊毛生长足12 个月时量取，主要用于养羊实际生产、商业收购标准和羊毛工业分级。在实际观察的情况下，为了避免夏季的热应激，通常每年要进行 2 次的剪毛，一次为春季剪毛，一次为秋季剪毛。

2. 伸直长度

羊毛伸直长度，是指将羊毛纤维拉伸至弯曲刚刚消失时的两端的直线距离，亦称真实长度，其准确度要求达到1mm。这种长度主要用于毛纺工业中，在养羊业中主要是用其评价羊毛品质。细毛的伸直长度比自然长度要长 20% 以上，半细毛要长 10%~20% 或以上，在工业上称为延伸率。因毛丛中各纤维长度差异较大，伸直长度有利于提高羊毛品质。

(二) 毛纤维细度

羊毛细度是指羊毛的粗细，羊毛细度的表示方法很多，最常用的有平均直径和品质支数 2 种。

1. 毛纤维平均直径（Mean Fiber Diameter，MFD）

毛纤维平均直径是度量羊毛粗细的关键指标，羊毛的平均纤维直径不仅与品种有关，还与性别、年龄、生长环境等因素有关，一般用羊毛纤维横切面直径的大小表示，以 μm（微米）为单位。细度是确定羊毛品质和使用价值最重要的指标之一，通常在显微镜下或用红外检测仪测量羊毛的直径或短纤维中部的宽度，然后计算出平均直径，是被广泛采用的一种指标。目前，世界各国所通用的羊毛分级制度虽然具体方法不同，但主要都是以细度为基础。羊毛细度差异很大，根据国家标准《绵羊毛》（GB 1523—2013）可分为超细毛（直径≤19μm）、细毛（19μm<直径≤25μm）、半细毛（25μm<直径≤55μm）和粗毛（直径大于55μm）。MFD 不仅决定着羊毛经济价值，还影响着羊毛纺织产品的性能，MFD 越小所制成的衣物舒适度越高，同时 MFD 也决定了原毛价格的 3/4。平均细度（MFD）影响加工性能和其终端制品的质量，低 MFD 的精细羊毛适合于制作高价值服装纺织品，粗毛具有较高的 MFD，更适合于制作地毯、外套或床上用品。

2. 品质支数

品质支数是在国际范围内应用较广泛的羊毛工艺性细度指标，其含义是 1 磅净梳毛能纺成 560 码（约 512m）长度的毛纱数，常用 s 表示。如纺成 60 段 560 码长的毛纱，即为 60 支纱（60s）。在公制中是以 1kg 净梳毛能纺成 1 000m 长度的毛纱数为多少支。羊毛越细单位重量内羊毛根数越多，能纺成的毛纱越长。因此，越细的羊毛品质支数越高。

（三）毛纤维直径变异系数（CVFD）

羊毛纤维直径变异系数是度量羊毛细度变异的重要指标。羊毛纤维直径变异系数是描述一定数量羊毛内纤维直径均匀性的另一个概念，它表示变化百分比的平均值，通常是用来比较 2 个或更多的羊毛与不同的平均直径之间的差异。CVFD 越小片毛纤维的一致性越好，羊毛细度越均匀。例如，纤维直径 22.5μm 的片毛，如果纤维直径变异系数为 21%，那么这个片毛的羊毛纤维的直径范围为 11~37μm。平均羊毛纤维直径变异指标影响着毛纱和织物品质，特别是对纯毛织物及高毛混纺制品，羊毛纤维直径变异决定了纺织物贴身穿着的舒适度，如果一款面料中直径超过 30μm 的毛纤维超过 5% 会给很多人带来不舒适感。绵羊身体各部位的羊毛纤维直径的不同之处在于肩胛部位的被毛最细，其次是背部以及腰部，腹部和臀部的被毛又次之，最粗并掺杂有粗毛的部位是小腿部和头部。近年来，针对羊毛提出了一种基于变异系数的标准（表 3-1）。

表 3-1　基于变异系数的羊毛标准

变异系数	一致性标准
<21%	优良
21%~27%	中等
>27%	差

（四）羊毛纤维直径标准偏差（FDSD）

羊毛纤维直径标准偏差是反映纤维直径的分布或分散情况，产生原因主要与羊的品种、饲养管理、自然环境等有关。过去羊毛贸易以及育种中对细度离散都不够重视，国家标准《绵羊毛》中没有对 FDSD 进行检测和描述的要求。目前国家强制标准《绵羊毛》（1993）第四章技术要求中只有平均细度的参数，对细度离散没有要求，而这意味着将 17μm 和 23μm 羊毛混合在一起检测得到的羊毛平均细度，可能与 20μm 至 22μm 的羊毛混合在一起时检测到的平均细度值完全一致。世界山羊绒/驼绒协会（CCMI）也提出，山羊绒的细度离散不得超过 24%。澳大利亚、新西兰与中国的羊毛交易合同中规定了细度离散是其检验报告的内容之一。澳大利亚的研究表明，细度离散减少 5%，相当于羊毛细度减少 1μm。在 64~66 支纱这个范围，价格相差约 3 元/kg，而在 80~120 支纱这个范围，1μm 的价格相差则可以达到每千克十几元甚至几十元。如果能将 FDSD 值列入质量标准体系，并运用现有技术有效降低 FDSD，将能够大幅度提高羊毛品质。

（五）羊毛纤维弯曲数（Crimp Number，CN）

羊毛纤维在自然状态下并不是直的，而是沿着它的长度方向呈有规则的或无规则的周期性弧形，称羊毛弯曲，亦称羊毛卷曲。国际上以每英寸即 25.4mm 内，波峰与波峰或者波谷与波谷之间的平均间距数目称为弯曲数。羊毛弯曲数是细毛羊和半细毛羊的一项重要毛品质特性，是用于衡量纤维的品质和加工性的标准之一，在纺织行业上具有重要的意义。

（六）羊毛的弯曲度（Mean Fiber Curvature，MFC）

根据纤维曲率（纤维围绕中心轴线的旋转）描述羊毛纤维卷曲，通常指每毫米长度的羊毛卷曲的度数。卷曲越高，曲率度越高。卷曲的形状可分为强卷曲

（细毛、腹毛）、正常卷曲（细毛）和弱卷曲（粗毛）。曲率（MFC）是由 OFDA 或 LASERSCAN 测量的纤维片段的平均曲率。"低曲率"羊毛一般指曲率低于 $50°/\text{mm}$，"中曲率"羊毛一般曲率为 $60°\sim90°/\text{mm}$，而"高曲率"羊毛曲率大于 $100°/\text{mm}$，高曲率也就意味着卷曲高。具有高曲率的羊毛可以促进纱线中的纤维内聚力，从而有助于加工性能，它还赋予纤维弹性，增强终端产品的绝热质量；具有浅弯曲和正常弯曲的羊毛，毛丛结构好，羊毛品质高，细度均匀，净毛率高；具有深弯曲和高弯曲的羊毛，一般毛丛结构不良，被毛含杂质多，羊只体质不够坚实，产毛量不高，羊毛密度小，而且腹部羊毛杂乱。具有环状弯曲形状的羊只遗传性较强，在生产中应予以降级或淘汰。

二、羊毛产量测定

（一）污毛重（GFW）
是反应绵羊个体羊毛产量的直接数据，是指从羊体上直接剪取的羊毛重量。

（二）净毛重（CFW）
是指从羊体上剪下的羊毛经过洗涤，将油汗和杂质（生理夹杂物和外来夹杂物）洗去后的羊毛重量。测定净毛量在养羊业生产中具有重要的实践意义，它可以反映每只羊的真实产毛量。在羊毛收购市场上，常以净毛量定价，这样就消除了原毛产量中含有的杂质和油汗等。

（三）净毛率（Yield）
羊毛经洗涤、去除杂质后的净毛干重，以公定回潮率和公定含油脂率修正后的质量占脂毛质量的百分数。

第四节　生产中常见的羊毛缺陷及预防

在羊的饲养管理中，人为处理不当都会造成其羊毛品质发生变化，产生瑕疵点，使工艺性能显著降低。这些瑕疵绝大部分是可以克服的，在各个环节应予以重视，防止产生缺陷毛。

一、弱节毛

也称"饥饿痕"羊毛。引起弱节毛产生的原因，主要是某一段时间内羊只营养不足或者患有疾病、妊娠等，导致毛纤维直径部分明显变细，形成弱节。这种变细的部分不论长短，都是非常有害的。因为加工时它们都会断裂，增加短毛含量，影响梳条。

预防措施是应在全年均衡且合理地饲养，注意疫病防治，冬、春季节适时、适量给羊补饲。

二、圈黄毛

凡被粪、尿污染的羊毛，称为圈黄毛。这种羊毛常出现在羊的腹部、四肢及大腿外侧。其产生原因主要是饲养管理不当所引起，如羊圈潮湿，垫草经久不换，以及由放牧转入舍饲时对羊只失去控制等。粪、尿对羊毛有侵蚀作用，能降低羊毛的坚实性和弹性。同时，由于粪、尿污染羊毛变黄，洗毛时不易洗净。故圈黄毛不能制成上等织物，其工艺性能降低。

预防措施是勤换羊圈垫草，保持羊圈干洁，或对舍饲的羊只采用漏粪地板。不喂腐败发霉草料，由舍饲转入放牧时要逐渐转变，以免引起消化不良。

三、疥癣毛

凡从患疥癣病羊体上所剪取的羊毛称疥癣毛，其特点是羊毛内混入皮肤脱落的块和皮屑。患有疥癣病的羊，皮肤生理功能和营养受到严重破坏，所以毛细而短，强度小，品质差，羊毛干枯，疥癣毛不能制造坚实的织品，同时由于疥癣毛中混入皮屑之类的杂物较多，洗毛时不易除去，染色时颜色不匀，造成羊毛加工困难。

预防措施是发现病羊应与健康羊只分开，并及早进行治疗。健康羊只也应定期进行药浴。

四、毡片毛

当被毛中的一些羊毛紧紧结合在一起，形似毡片，称毡片毛。形成毡片毛的因素较多，外界气候条件的影响或疾病造成大量脱毛；羊毛的鳞片及弯曲发生交缠；羊体某些部位与外界紧压或摩擦；雨淋、尿浸综合影响等，均会产生毡片毛。

预防措施是勤换羊圈垫草，保持羊圈干洁或对舍饲的羊只采用漏粪地板。

第四章 滩羊二毛期羊毛性状分析及相关性

羊毛性状对毛产品起着至关重要的作用。羊毛的细度与毛产品的优劣关系密切，羊毛的弯曲对加工过程、最终纺织品的特性以及所带来的产品价值都有直接的影响。滩羊是中国优质名贵的轻裘皮地方绵羊品种，主要以滩羊肉、滩羊毛及二毛裘皮闻名海内外。滩羊二毛期是指滩羊羔羊出生后 35 日龄左右，此时毛长7cm 以上，毛梢有弧形的弯曲，毛股弯曲 5~6 个或以上。二毛期被毛由两形毛和绒毛组成，这两种毛以一定的比例和适当的细度、长度形成不同的花穗类型，而花穗的类型和二毛皮的品质主要与纤维直径、弯曲数、自然长度、伸直长度等羊毛的物理性质有关。滩羊毛的主要性状是受多基因控制的数量性状，是基因型和环境共同作用的结果，决定滩羊裘皮质量优劣的基本性状是其毛股数量、毛股弯曲的形态、弯曲部分毛股的紧实程度及由这种毛股在整张皮板上所形成的图案状态。

本试验拟对滩羊二毛期羊毛性状间的相关性进行研究，为改进裘皮质量提供科学的数据支撑。同时，可通过对遗传力较高且与目标性状高度相关的性状进行选择并在后续研究中加以探索和分析，对目标性状加以改进，达到加快遗传进展指导育种实践（特别是早期选种）的目的。试验系统地测定滩羊二毛期两形毛和绒毛的细度、弯曲等，了解滩羊二毛期羊毛的性状特征，为滩羊二毛裘皮的遗传机制研究提供有力的数据支撑。

一、材料与方法

（一）材料

在宁夏盐池滩羊选育场选取 2017 年 1—2 月出生的羔羊，采集出生当天及在

30~40日龄期间（二毛期）的滩羊样本各511个，其中公羊260只，母羊251只（二毛期采集同出生期相同的耳标号滩羊）。毛样采于羊体左侧横中线偏上肩胛骨后缘一掌处，顺毛丛方向用毛剪剪取5~7股羊毛，装入信封带回实验室。两形毛与绒毛的分类：按羊号分装采集好的羊毛样本，用一只手捏住二毛毛稍处在手指上绕两圈固定，另一只手用密齿梳仔细将绒毛从毛根处梳下，反复检查已经分离出的绒毛中是否掺杂二毛，将其中掺杂的二毛用镊子挑出来。最后将分离好的羊毛重新按照编号分类分装。

（二）性状测定方法

初生期和二毛期的毛长和弯曲数为手工测量。羊毛伸直长度采用单根纤维测量法：把试验样品毛放在黑色绒布上，使测量尺与毛样一头对齐，和试验样品平行放置，然后用镊子在其中随机抽取毛样，慢慢拉长，直到毛弯曲度刚好消失时，对比测尺，测量毛样的伸直长度并做好记录。羊毛弯曲数的测定：把试验样品毛放在黑色绒布上，使羊毛处在自然状态下并数出弯曲的个数（单边弯取数）。平均纤维曲率（mean fiber curvature，MFC）、平均纤维直径（mean fiber diameter，MFD）、纤维直径变异系数（coefficient of variation of fiber diameter，CVFD）、纤维直径标准偏差（fiber diameter standard deviation，FDSD）及平均纤维长度均由新西兰羊毛检测有限公司测定。具体性状指标如下。

侧部毛长：毛丛的自然长度。

侧部弯曲数：羊毛处在自然伸直状态下弯曲的个数。

MFD：毛纤维的横截面近似椭圆形或圆形，一般用纤维直径大小或品质支数来表示羊毛的粗细，是确定羊毛品质和使用价值的最重要的物理性指标之一。

MFC：羊毛沿长度方向周期性的自然卷曲，是区别于毛发的特征之一，以每毫米的卷曲度来表示卷曲的程度，叫作卷曲度（°/mm）。根据纤维曲率（纤维围绕中心轴线的旋转）描述羊毛纤维卷曲，卷曲越高，曲率度越高。

MSL：羊毛纤维具有天然卷曲，所以羊毛纤维长度可分为伸直长度和自然长度。毛纤维在自然卷曲下的长度，即两端间的直线距离称为自然长度。一般用自然长度表示毛丛长度。纤维消除弯曲后纤维两端的直线距离为伸直长度，在毛纺加工生产中，一般用伸直长度来评价羊毛的品质。

FDSD 和 CVFD：羊毛纤维直径大小均匀程度与变异程度。

（三）数据统计

采用 Excel 2007 对数据进行整理归纳，采用 SAS 8.0 中单变量描述的 MEANS 过程进行滩羊二毛期羊毛性状基本的描述性统计，利用 ANOVA 过程进行羊毛性状间差异显著性分析，CORR 过程进行羊毛性状间的相关性分析。

二、结果与分析

（一）滩羊初生期和二毛期羊毛性状分析

滩羊初生期和二毛期羊毛性状描述性统计如表 4-1 所示。由表 4-1 可知，初生期的侧部毛长平均值为（4.41±0.56）cm，初生期的侧部弯曲数平均值为 5 个；二毛期侧部毛长的平均值为 8.08 cm，二毛期侧部弯曲数平均值为 6 个。且同一阶段同一性状公、母羊间差异不显著。

表 4-1　滩羊初生期和二毛期羊毛性状描述性统计

类型	初生期		二毛期	
	侧部毛长（cm）	侧部弯曲数（个）	侧部毛长（cm）	侧部弯曲数（个）
平均	4.41±0.56[a]	5±0.91[a]	8.08±0.77[a]	6±0.98[a]
公羊	4.45±0.56[a]	5±0.97[a]	8.07±0.78[a]	6±1.02[a]
母羊	4.37±0.56[a]	5±0.85[a]	8.10±0.76[a]	6±0.92[a]

注：同一列上标字母相同表示无显著差异

滩羊二毛期两形毛与绒毛的性状描述性统计如表 4-2 和表 4-3 所示。由表 4-2 可知，滩羊二毛期两形毛 MFD 平均值为 29.77μm，滩羊二毛期两形毛 MFC 平均值为 45.99°/mm；两形毛 FDSD 平均值为 8.38，两形毛的 CVFD 平均值为 28.21；绒毛 MFD 平均值为 16.53μm，绒毛 MFC 的平均值为 64.03°/mm，绒毛的 FDSD 平均值为 3.90，绒毛的 CVFD 平均值为 23.46，绒毛的 MSL 平均值为 41.56mm。且同一性状公母之间差异不显著。

表 4-2 滩羊二毛期两形毛的性状描述性统计

类型	两形毛			
	MFD（μm）	FDSD	CVFD	MFC（°/mm）
平均	29.77±2.53[a]	8.38±1.18[a]	28.21±3.42[a]	45.99±5.97[a]
公羊	29.70±2.44[a]	8.36±1.15[a]	28.17±3.31[a]	46.28±5.85[a]
母羊	29.82±2.64[a]	8.41±1.22[a]	28.25±3.52[a]	45.67±6.03[a]

注：同一列上标字母相同表示无显著差异

表 4-3 滩羊二毛期绒毛的性状描述性统计

类型	绒毛				
	MFD（μm）	FDSD	CVFD	MFC（°/mm）	MSL（mm）
平均	16.53±1.33[a]	3.90±0.89[a]	23.46±4.20[a]	64.03±8.15[a]	41.56±7.61[a]
公羊	16.40±1.34[a]	3.90±0.91[a]	23.60±4.35[a]	64.55±8.12[a]	41.51±8.06[a]
母羊	16.65±1.32[a]	3.90±0.87[a]	23.31±4.05[a]	63.57±8.16[a]	41.61±7.13[a]

注：同一列上标字母相同表示无显著差异

（二）滩羊初生期和二毛期羊毛性状相关系数

滩羊初生期和二毛期羊毛性状相关性如表 4-4 所示。由表 4-4 可知，初生期侧部弯曲数和初生期侧部毛长之间存在极显著中等正相关（$r = 0.410$，$P < 0.001$）；初生期侧部弯曲数和二毛期侧部弯曲数之间存在极显著中等正相关（$r = 0.618$，$P < 0.001$）；二毛期侧部毛长与侧部弯曲呈极显著中等正相关（$r = 0.340$，$P < 0.001$）。两形毛、绒毛的 FDSD 与 CVFD 间均呈极显著强正相关（$r = 0.796$，$P < 0.001$；$r = 0.942$，$P < 0.001$）；两形毛、绒毛的 MFD 与 FDSD 均呈极显著中等正相关（$r = 0.511$，$P < 0.001$；$r = 0.660$，$P < 0.001$）；绒毛 MFD 与绒毛 CVFD 呈极显著中等正相关（$r = 0.410$，$P < 0.001$）；绒毛 MFD 和绒毛 MFC 间呈极显著中等负相关（$r = -0.497$，$P < 0.001$）；绒毛的 MFC 与 FDSD 间呈极显著弱负相关（$r = -0.324$，$P < 0.001$）。

表4-4 滩羊初生期和二毛期羊毛性状相关系数

		初生期		二毛期		两形毛				绒毛				
		侧部毛长	侧部弯曲数	侧部毛长	侧部弯曲数	MFD	FDSD	CVFD	MFC	MFD	FDSD	CVFD	MFC	MSL
初生期	侧部弯曲数	0.410***												
二毛期	侧部毛长	0.327***	0.221***											
	侧部弯曲数	0.267***	0.618***	0.340***										
两形毛	MFD	0.034	0.006	0.045	-0.045									
	FDSD	-0.031	-0.040	0.006	-0.075	0.511***								
	CVFD	-0.061	-0.046	-0.028	-0.050	-0.106*	**0.796*****							
	MFC	-0.005	0.066	0.027	0.126*	0.011	0.059	0.083						
绒毛	MFD	-0.019	0.009	-0.032	0.041	0.290***	0.129**	-0.055	0.036					0.134**
	FDSD	-0.110*	0.005	-0.084	0.096*	0.117**	0.121**	0.056*	0.132**	0.660***				0.086
	CVFD	-0.128**	0.026	0.097*	0.099*	0.015	0.090	0.090*	0.138***	0.410***	**0.942*****			0.051
	MFC	-0.004	0.023	0.005	0.001	-0.027	0.022	0.057	0.076	-0.497***	-0.324***	0.057		-0.137**

注：加粗表示相关性|r|＞0.7，表示呈强相关；下划线表示0.33＜|r|≤0.7，表示呈中等相关；*表示0.01<P<0.5，**表示P<0.01，***表示P<0.001

三、结论

试验研究得出滩羊初生期侧部弯曲数与初生期侧部毛长、二毛期侧部弯曲数之间均存在极显著中等正相关；二毛期侧部毛长与侧部弯曲呈极显著中等正相关。两形毛、绒毛的 FDSD 与 CVFD 间均呈极显著强正相关；两形毛、绒毛的 MFD 与 FDSD 均呈极显著中等正相关；绒毛 MFD 与绒毛 CVFD 呈极显著中等正相关；绒毛 MFD 和绒毛 MFC 间呈极显著中等负相关；本研究首次大规模检测了滩羊二毛期羊毛的指标，发现羊毛性状之间的相互关系，为滩羊二毛裘皮的选育提供数据支撑。

第五章　羊毛蛋白及其分类

角蛋白是典型的上皮中间丝蛋白，其分子的变异程度极其显著。角蛋白约占毛纤维占总毛量的 65%~95%，属于没有营养性的纤维性蛋白质，存在于人和动物的表皮，并且是毛发、羽毛、蹄、壳、角、爪的主要成分，是这些组织重要的结构蛋白质。角蛋白是羊毛纤维的主要成分，其维持毛囊结构并在毛囊中表达，是形成皮肤毛囊细胞的主要结构蛋白质，其编码基因是毛囊基因表达及毛发生物学研究中重要的候选基因之一。

一、角蛋白的结构

角蛋白是多种氨基酸聚成的多聚长链物，其一级结构分为主链和侧链，主链是通过肽键联结构成的多缩氨酸链，侧链由 20 多种不同 α 氨基酸构成。各链的半胱氨酸中 SH 氧化形成二硫键，使肽键之间形成稳定交互网络，侧链的种类和性质决定了角蛋白整体的物理和化学性质。角蛋白分子间作用形式随 R 基的不同而异，主要有氢键、盐式键和二硫键，其中以二硫键为主要作用形式。

角蛋白主要分为角蛋白中间丝（Keratin Intermediate Filament，KRT-IF）和角蛋白相关蛋白（Keratin associated proteins，KAPs）两类。角蛋白中间丝蛋白是角蛋白家族的重要成员，是形成毛发、角和指甲的主要成分，其作用是保护皮肤细胞免受机械和非机械性损伤，并参与细胞信号转导和凋亡。研究报道角蛋白构成的中间丝蛋白对细胞的完整性具有至关重要的作用，同时还影响到膜蛋白和细胞结构蛋白质的定位。*KRT* 的系统发育分析 I 型和 II 型，在羊，牛和人类基因组中发现了高度的一致性，中间丝角蛋白是表皮细胞角蛋白的子类。在羊毛纤维皮质层表达的 IF 角蛋白是低硫蛋白，形成了羊毛纤维的微原纤维成分，占羊毛总蛋白的 40%~60%，分子量范围为 40~60kDa。它们的序列保守性强，KRT-IF 有 I 型（酸性）和 II 型（碱性）2 种类型，I 型 KRT-IF 基因含有 4~5Kb 个碱基对，有 6 个内含子；II 型 KRT-IF 基因含有 7~9Kb 个碱基对，有 8 个内含子。分别被定位于 11 号、3 号染色体。绵羊的 I 型和 II 型基因分别位于 11q25~q29 和 3q14~q22；已经有 4 个 I 型和 5 个 II 型 IF 蛋白已在羊毛中得以鉴定。在羊毛发育过程中，等量的酸性（I 型）和碱性（II 型）角蛋白配对形成 8~10nm 的细丝，而 KAP 则在其外包裹形成一种基质，填充在 KAP 的基质之间。前者是羊毛的骨架，含量和结构较为稳定，而后者在不同品种绵羊中结构和含量变化较大。I 型内根鞘角蛋白基因家族的表达与特异部位羊毛密度的控制以及整个毛囊的发育和生长调控都有重要的关系，因此 IF 和 KAP 控制位点的遗传差异在决定不同羊毛质量和生产性能的表型差异方面具有重要作用。Bawden 等利用原位杂交对其研究表明，I 型 IFs 在绵羊毛囊内根鞘表达丰富，II 型 KRT-IF 在皮质层的高效表达，可改变羊毛纤维的微观结构和宏观结构，包括增加羊毛的光泽度和降低羊毛的弯曲度及细度。

二、角蛋白家族

在羊毛中共鉴定了 10 种酸性 I 型角蛋白，其长度为 403~471 个残基不等。分别命名为 K31、K32、K33a、K33b、K34、K35、K36、K38、K39 和 K40。其中 K31、K33a、K33b、K34、K36 和 K38 在皮质中表达，K32 在鳞片层中表达，K35、K39 和 K40 同时在鳞片层和皮质中表达，K31，K33a、K33b、K34、K36、K38 和 K39 只在髓质中表达。羊毛皮质的主要成分是 K31、K33a、K33b、K34，这 4 个蛋白质同源性很高，相同残基数达到 92%，相似高达 96.5%，氨基酸谱相似。与这 4 种 I 型角蛋白相比，K35 和 K38 的氨基酸谱和部分氨基酸含量均不相似，其甘氨酸含量高，天冬酰胺的含量低，K35 和 K38 头域有较多的丙氨酸和甘氨酸残基，较少的半胱氨酸残基。在 K31、K33a、K33b、K34 头域有 4~5 个甘氨酸残基、2 个丙氨酸残基，而在 K35 和 K38 中分别有 17 个和 12 个甘氨酸残基，有 10 个和 7 个丙氨酸残基。

在羊毛中共鉴定出 7 种中碱性 II 型角蛋白，分别命名为 K81、K82、K83、K84、K85、K86 和 K87。其长度为 479～507 个残基，均具有相似的氨基酸谱。在羊毛中表达的有 K81、K82、K83、K85、K86 和 K87，最主要的是 K81、K83、K85 和 K86，K82 在鳞片层表达，K85 在鳞片层和皮质中表达。II 型角蛋白也有高度的同源性，相同残基数高达 93%～96%。

三、KAP 家族

在羊毛中 KAP 有 17 个家族，其中有 89 个已知的独立 KAP，还有 44 个多变体。

（一）高硫蛋白（HSP）家族

HSP 家族的定义是半胱氨酸含量小于 30mol% 的 KAP 蛋白，共有 15 个亚家族，分别是 KAP1～KAP3、KAP10～KAP16 和 KAP23～KAP27。其中 KAP1、KAP2、KAP3 和 KAP10 亚家族的半胱氨酸含量在 20～30mol% 之间，其他亚家族半胱氨酸含量低于 20mol%。其中，KAP13.1 和 KAP15.1 为 7mol%，KAP24.1 和 KAP26.1 为 8mol%。但是这些蛋白质的丝氨酸含量却很高，KAP13.1 的含量为 25.7mol%、KAP24.1 为 22.4mol%，KAP10、KAP11 和 KAP15 的含量在 17～19mol% 之间。在绵羊新的研究中发现 KAP16 与别的物种 KAP16 之间差异很大，其蛋白中甘氨酸和酪氨酸含量很高，但是没有发现半胱氨酸，于是进行了重新命名，为 KAP36，定为 HGT-KAP 家族。KAP25 与别的物种之间差异也比较大，重新命名为 KAP28。

KAP1 亚家族有 4 个成员，长度为 151～181 个残基，因十肽重复序列（SIQTSCCQPT）的数量不同而不同，KAP1.1 有 3～5 个重复序列，其中 KAP1.1α 有 5 个这样的十肽重复。KAP1.1β4 和 KAP1.1γ 有 3 个，KAP1.2 有 3 个，KAP1.3 有 2 个，KAP1.4 有 5 个。KAP1.2 C 端缺失了 5 个氨基酸残基。在这个家族中，有一系列高度保守、非重复的重复序列，在 KAP1.1 中这些序列位于 1～11、58～83、101～122 和 124～157 残基。序列比对表明，高达 90% 的氨基酸是相同的，92% 的氨基酸是相似的。KAP1-1 和 KAP1-4 是酸性蛋白质，而 KAP1-2 和 KAP1-3 是中性的。KAP1.3 有 9 个单核苷酸多态性（SNPs）位点，其中有 2 个是沉默的，KAP1.4 和 KAP1.2 也有 9 个。

KAP2 亚家族基因还没有确定，目前在人类中发现了 5 个亚家族成员，在羊上发现的有 3 种 KAP2.2、KAP2.3 和 KAP2.4。其同源性也很高，KAP2.3 和 KAP2.4 相同和相似的序列达到 93%。KAP2 家族成员具有几个富含半胱氨酸的五聚体重复结构（CCXPX），并且在人类的家族成员中也观察到长度差异。KAP2 蛋白质是弱碱性的。

KAP3 亚家族有 4 种蛋白，长度为 94~97 个氨基酸残基，但已知完整序列的只有 3 种，即 KAP3.2、KAP3.3 和 KAP3.4（原始命名为 BⅢB2、BⅢB3 和 BⅢB4）。还有一种蛋白是 KAP3.1（原始称为 BⅢB1），占 KAP3 总蛋白不到 10%，并不一定是完整蛋白，可能只是一个部分。BⅢB2 蛋白序列（标记为 KAP3-1A）似乎不同于来源于 BⅢB2 基因（标记为 KAP3-1B）翻译的氨基酸序列，并且在氨基酸序列水平上仅有 94% 的同源性。有趣的是，这两种蛋白质似乎具有不同的 pI 值，因此这两种 BⅢB2 序列是否代表不同的家族成员，或是同一家族成员的变体形式。这个家族同源性很高，KAP3.3 和 KAP3.4 之间同源性高达 96%，只差 4 个氨基酸残基，但与 KAP3.2 差异较大，相差 27 个氨基酸残基。它们的基因和蛋白质序列也有区别，比如在 46~48 氨基酸残基中有 3 个半胱氨酸，而基因序列只预测到 2 种半胱氨酸。这个家族序列有 2 个独特的区域，如在 KAP3.2 中，在 1~47 残基中有 6.5% 的含硫氨基酸，在 48~97 残基之间有 1.9% 的含硫氨基酸。

（二）超高硫蛋白（UHSP）家族

UHSP 家族的定义是半胱氨酸含量超过 30mol% 的 KAP 蛋白，但这种定义方法并不准确。如 KAP4 家族中有 18 个成员半胱氨酸的含量在 28~30mol% 之间。

KAP4 亚家族是 KAP 家族中最大的亚家族，有 27 个成员，约 80% 的蛋白质由半胱氨酸、丝氨酸、脯氨酸、精氨酸和苏氨酸这 5 种氨基酸组成，其中半胱氨酸占 28.7~31.2mol%，其只在副皮质中表达。

KAP5 亚家族只在鳞片层表达，是强碱性蛋白，有 5 个成员，其中 KAP5.3 是假基因，国际数据库中只能查到 3 个序列。半胱氨酸的含量从 29.5mol%（KAP5.5）到 31.6mol%（KAP5.4）不等，甘氨酸的含量为 26~28mol%，丝氨酸的平均含量是 21mol%。主要结构是富含甘氨酸和半胱氨酸的重复序列，长度为 181～197 个残基。

（三）高甘氨酸-酪氨酸蛋白（HGTP）家族

羊的 HGTP 家族至少有 6 个亚家族，甘氨酸含量为 22～37mol%，酪氨酸含量为 12～28mol%。分子量最小的蛋白质是 KAP16.1、KAP16.2，还有 6 个成员的 KAP19 家族、KAP20.1、KAP21.1 和 KAP22.1。

HGTP 家族的 KAP6 亚家族只在皮质层表达，尽管已知序列很少，但其成员可能达到 10 个，包括 KAP6.1、KAP6.2 和从 KAP6.2 中去除从 Leu61 到 Pro72 这 12 个序列的一个变体。已经发现 KAP6.1 有 5 个变体，与 KAP6.1 相比，KAP6.1D 与其相似，KAP6.1A 和 KAP6.1C 相似与其相差 5 个氨基酸，KAP6.1B 缺失 1 个 S27-G46 序列，KAP6.1E 与其相差 9 个、缺失 9 个氨基酸。KAP6 家族长度为 62～84 残基，含有 31～32 个甘氨酸残基、17～18 个酪氨酸残基、8～10 个半胱氨酸残基，是已知最小的 KAP 之一。在丝蛋白中甘氨酸-X 重复片段与 β 链结合，这些缺少侧链的甘氨酸残基也赋予了该链高度的构象灵活性，酪氨酸侧链可以以甘氨酸-loop 的方式连接。

HGTP 家族的 KAP7 亚家族是一种碱性蛋白，目前只有 1 个成员，长度为 84 个残基，有 2 个 6 个氨基酸的段重复序列，有一个显著特征是 N 端的一个 18 残基片段内一半没有甘氨酸和酪氨酸。

HGTP 家族的 KAP8 亚家族是羊毛中最小的 KAP 之一，有 2 个成员，KAP8.1 长度为 61 个残基，是碱性蛋白；KAP8.2 长度为 62 个残基，有 1 个谷氨酸残基，是酸性蛋白。甘氨酸和酪氨酸集中在蛋白质的中间，在 N 端和 C 端末的 10 个残基内没有甘氨酸，只含有 1 个酪氨酸残基，唯一重复片段是重复了 3 次的 GYG。

四、KRTAP 基因的定位

如图 5-1 所示。

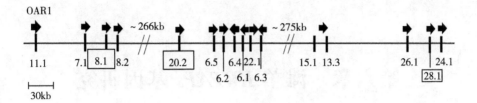

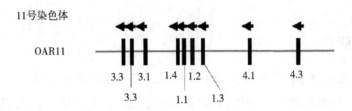

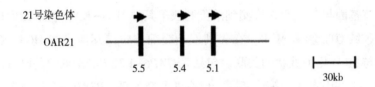

图 5-1　KRTAP 基因定位

第六章 滩羊 *KRTAPs* 基因研究

一、前言

KAPs 是一组不同类型的蛋白质，在头发和羊毛纤维中形成交联角蛋白中间丝的基质。在哺乳动物物种中已鉴定出超过 100 个 *KRTAP*，组成 27 个 KAP 家族。滩羊以生产"串子花"花穗形羊毛而闻名，二毛期羊毛由绒毛和两形毛组成，但这种独特特征的遗传基础尚不清楚。*KRTAP6-1* 属于编码 HGT-KAP 蛋白的基因，该基因与 Beh 等人检测到的美利奴羊其他 HGT-KAP 基因在染色体区域聚集，该区域 QTL 影响 MFD。在美利奴杂交绵羊中，其他一些 HGT-*KRTAP* 已经报道了与 MFD 相关性状的关联，包括 *KRTAP6-1* 和 *KRTAP6-3*。已有的研究发现 *KRTAP6-1* 基因有 3 个等位基因，已有的研究发现 *KRTAP8-2* 基因有 2 个等位基因。已有的研究发现 *KRTAP8-1* 基因有 5 个等位基因，等位基因 *A~E* 出现的频率分别为 68.3%、13.3%、3.3%、10.0% 和 5.0%。

在本研究中，应用绵羊的 *KRTAP6-1*、*KRTAP8-1* 和 *KRTAP8-2* 编码序列设计引物，分析 *KRTAP6-1* 的多态性以及与羊毛性状的相关性，确定该基因在滩羊中对羊毛性状的影响。

二、试验材料与研究方法

（一）试验材料

1. 样品来源

本试验研究对象为滩羊，来自宁夏盐池滩羊选育场 23 只种公羊的 515 只后代羔羊。所有羊羔于出生后 12h 内佩戴耳标，并记录其出生日期、出生重、出生等级（即是否为单胎、双胎或三胞胎）、性别、母本和父本。所有母羊和羊羔（2~6 周龄的羊羔）一起饲养，直到断奶。所有绵羊的血样采集到 FTA 卡上（瑞典 Munktell Filter AB）。

滩羊于二毛期（出生后 35d）在试验羊左侧部肩胛骨后缘 10cm×10cm 体侧区域内，将羊毛沿基部剪掉采集羊毛样品。每个样品根据纤维直径和长度的明显差异，手工分离细羊毛纤维和两形毛羊毛纤维。为了做到这一点，将羊毛样品置于黑丝绒板上，一只手用指标图将所有纤维的基部压在板上，另一只手抓住较长的两型纤维的顶部，将其拉出样品，绒毛纤维保留在黑丝绒板上，重复几次，确保所有的两型羊毛纤维与绒毛纤维分离。然后测量绒毛纤维和两型纤维的 MFD、FDSD、CVFD 和 MFC，新西兰羊毛检测有限公司（NZWTA-Ahuriri，Napier，新西兰）负责对两型羊毛样品进行测量，新西兰 Timaru 畜牧测量有限公司负责对绒毛样品进行测量，测定羊毛弯曲数和羊毛毛长。

2. 主要试剂

FTA 卡（瑞典 Munktell Filter AB）、Taq DNA 聚合酶（Qiagen，Hilden，Germany）、MgCl$_2$（Qiagen，Hilden，Germany）、EB（溴化乙啶）（Bio-Rad，Hercules，CA，USA）、dNTPs（Eppendorf，Hamburg，Germany）、琼脂糖（Quantum Scientific，Queensland，Australia）、10×PCR buffer（Qiagen，Hilden，Germany）、5×Q buffer（Qiagen，Hilden，Germany）、DNA Marker（Invitrogen TM life technologies，USA）、40% 聚丙烯酰胺（Bio-Rad，Hercules，CA，USA）、PCR 纯化试剂盒（Qiagen，Hilden，Germany）。

其他试剂：过硫酸铵、硝酸银（AgNO$_3$）、EDTA、溴酚蓝、去离子甲酰胺、甲醛、二甲苯青、硼酸、无水乙醇、甘油三酯、氢氧化钠（NaOH）、Tris 碱、乙酸。

3. 主要溶液配方

10×TBE：216g Tris，110g 硼酸，14.8g EDTA，完全溶于 2L 蒸馏水中，高压灭菌。

0.5×TBE：灭菌制备的 10×TBE 与蒸馏水按 1:9 配制。

1×TBE：灭菌制备的 10×TBE 与蒸馏水按 1：9 配制。

20mM NaOH 溶液：0.8g NaOH 溶于 600mL 蒸馏水中，完全溶解后定容至 1 000mL，高压灭菌。

1M Tris - HCl（pH 值 = 8.0）：Tris 121.1g，浓盐酸 42mL，灭菌超纯水 800mL。

1×TE（10mM Tris-HCl，0.1mM EDTA）：5mL 1M Tris-HCl，0.1mL 0.5M EDTA，蒸馏水定容至 500mL，高压灭菌备用。

10%过硫酸铵溶液：称取 0.1g 过硫酸铵溶于 1mL 蒸馏水中，4℃保存备用。

SSCP 变性缓冲液：980μL 去离子甲酰胺，20μL0.5M EDTA，少量二甲苯青和溴酚蓝（一般为 7~8μL），充分混匀，4℃保存备用。

固定液：100mL 无水乙醇，5mL 冰乙酸，溶于蒸馏水中并定容至 1 000mL，保存备用。

染色液：2g 硝酸银溶于 1L 固定液中，保存至棕色瓶中避光备用。

显色液：30gNaOH 溶于 1L 蒸馏水中，加热至 45℃左右，加入 1mL 甲醛，现制现用。

14%聚丙烯酰胺凝胶（30mL）：10.5mL 40%PA 溶液，1.5mL 10×TBE，160mL 10%APS，16mL TEMED，蒸馏水补至 30mL。

4. 主要仪器设备

PCR 仪（S1000TMThermal Cycler，Bio-Rad，Hercules，CA，USA）、电泳仪（Protein II xi cells，Bio-Rad，Hercules，CA，USA）、FTA 卡取样器、电泳槽（PROTEAN II xi 2-D，Bio-Rad，Hercules，CA，USA）、琼脂糖电泳仪（OSP-105，OWL scientific plastics inc，Miami，Florida，USA）、移液器（Finnpipette）、凝胶成像仪（Uvitec Cambridge，Cambridge，UK）、冷循环仪（FC 1200S，Julabo，Seelbach，German）、制冰机（Bio-Rad，Hercules，CA，USA）、离心机（D-37520 Ostcrode，Germany）、干胶仪（GD2000，Hoeferinc，Holliston，MA，USA）。

（二）试验方法

1. 血液基因组 DNA 提取

刺破绵羊耳朵，将血液滴于 FTA 卡上。自然晾干后置于阴凉处保存待用。

滩羊血通过颈静脉采血，滴于 FTA 卡上。DNA 提取采用 Zhou 等所描述的两步法提取，即从 FTA 上打孔径 1.2mm 取样，置于 PCR 管中，在管中加入 200μL 20mM NaOH，于 60℃加热 30min 左右（以 FTA 变为白色为标准），用泵吸干净管内液体，再加入 200μL 1×TE，置于室温静置 5min，吸净 TE 液体，隔夜后用于 PCR 相关基因 PCR 扩增。

2. PCR 扩增及多态性筛选

*KRTAP*6-1：F：5′-TCTACCCGAGAACAACCTC-3′

R：5′-AGGCAAGTCTTTAGTAGGAC-3′。

*KRTAP*8-1：F：5′-CATTCCCTGCTCTCCAAGC-3′

R：5′-GAGAAGATTCCATGCCTCTG-3′。

*KRTAP*8-2：F：5′-TAGGCAGTCAGTCATCCTG-3′

R：5′-ATAGAGAATATGAAGTCCACG-3′。

上述引物由 Integrated DNA Technologies（CoralvilleIA，USA）合成。

本试验采用 15μL 的反应体系。包括 1.2mm DNA disk 模板 1 个，0.5U Taq 聚合酶，1.5μL 10×buffer 缓冲液，1.5μL 5×Q 溶液，150μM dNTPs，2.5mM MgCl$_2$，上下游引物各 0.25μM，和 9.68μL ddH$_2$O。

滩羊 *KRTAP* 基因 PCR 扩增反应条件为：94℃预变性 2min，94℃变性 30s，退火 60℃30s，72℃延伸 30s，共 35 个循环，最后延伸 5min。所有 PCR 产物置于 4℃保存。

利用 SSCP 分析筛选 PCR 扩增序列的变异。每个扩增产物取 0.7μL 与 7μL 变性剂（98%的甲酰胺，20μL0.5M EDTA，0.025%溴酚蓝和 0.025%二甲苯苯胺）混合。在 90℃变性 5min 后，将样品迅速置于冰水混合物中冰浴冷却 5min。取 8μL 的变性产物上样。

KRTAP 基因电泳使用 14%丙烯酰胺（聚丙烯酰胺 37.5：1，Bio-Rad）加入 1.5%的甘油凝胶。电泳条件为：280V、22h、20℃、0.5×TBE 缓冲液。

3. 测序和序列分析

在新西兰林肯大学的 DNA 测序设施中，对绵羊 PCR 扩增产物产生的纯合子不同条带模式进行了双向测序。使用 Gong 等描述的方法对仅在杂合子绵羊中发现的变异进行测序。在这种方法中，从聚丙烯酰胺凝胶中以凝胶切片的形式切取与该变体相对应的条带，浸渍后作为模板与原引物再进行扩增，然后对第二个扩增产物进行测序。

使用 DNAMAN 进行序列比对、翻译和比对（5. 2. 10 版，LynnonBioSoft，Vaudreuil，Canada）。利用 MEGA version 7. 0 构建了基于 ORF 氨基酸序列预测的系统发育树。用 BLAST 算法在 NCBI GenBank（www. ncbi. nlm. nih. gov/）数据库中搜索同源序列。

（三）统计分析

使用 POPGENE version 1. 32（加拿大阿尔伯塔大学分子生物学和生物技术中心）计算了哈德温格平衡（Hardy Weinberg Equilibrium，HWE）。

使用 Minitab version 16（Minitab Inc.，State College，PA，USA）进行数据的统计和分析。采用一般线性混合效应模型（GLMs）对 KRTAP6-1 的变异与羊毛性状进行相关性分析。频率在 5% 以上的基因型羊毛样本用于关联性分析，由于没有发现出生等级对羊毛性状有影响，因此没有纳入模型中。

如果没有特殊说明，在 $P<0.05$ 时，所有 P 值均被认为具有统计学意义。当 $0.05 \leqslant P<0.2$ 时认为有变化的趋势。$P>0.2$ 为无影响。

三、结果与分析

（一）滩羊羊毛性状间的关联分析

从表 6-1 和表 6-2 中可以看出滩羊羊毛性状的相关性：二毛期羊毛长度和弯曲毛所占羊毛长度的比例、二毛弯曲数和弯曲率呈强的正相关。出生到二毛期羊毛的生长速度和出生羊毛长度及出生到二毛期羊毛的生长速度和弯曲率以及弯曲羊毛长度和弯曲羊毛所占羊毛比例呈中等负相关。

表 6-1　滩羊羊毛性状间 Pearson 相关系数

	初生期羊毛长度	二毛期羊毛长度	二毛期羊毛弯曲的长度	初生期羊毛弯曲数	二毛期羊毛弯曲数	二毛期羊毛弯曲率
二毛期羊毛长度	0. 269 < 0. 001					

（续表）

	初生期羊毛长度	二毛期羊毛长度	二毛期羊毛弯曲的长度	初生期羊毛弯曲数	二毛期羊毛弯曲数	二毛期羊毛弯曲率
二毛期羊毛弯曲的长度	0.534 < 0.001	0.094 0.032				
初生期羊毛弯曲数	0.702 < 0.001	0.234 < 0.001	0.336 < 0.001			
二毛期羊毛弯曲数	0.495 < 0.001	0.259 < 0.001	0.328 < 0.001	0.733 < 0.001		
二毛期羊毛弯曲率	0.284 < 0.001	−0.397 < 0.001	0.248 < 0.001	0.543 < 0.001	0.778 < 0.001	
二毛期羊毛拉直与弯曲时的比值	−0.348 < 0.001	−0.468 < 0.001	−0.812 < 0.001	−0.184 < 0.001	−0.153 < 0.001	−0.444 < 0.001

表 6-2　滩羊羊毛性状间 Pearson 相关系数

羊毛类型		MFD	FDSD	CVFD
	FDSD	0.667 ***		
绒毛	CVFD	0.353 ***	0.929 ***	
	MFC	−0.436 ***	−0.361 ***	−0.250 ***
	FDSD	0.457 ***		
两形毛	CVFD	−0.223 ***	0.760 ***	
	MFC	0.021	0.175 ***	0.184 ***

注：相关性 | r | >0.7 为强相关，用粗体表示，0.3< | r | ≤0.7 为中等相关，用下划线表示，0< | r | <0.3 为弱相关。r>0 为正相关，r<0 为负相关；** 为 $P<0.01$，*** 为 $P<0.001$

（二）羊毛性状与基因多态性之间的关联分析

1. 羊毛性状与 *KRTAP6-1* 基因多态性之间的关联分析

KRTAP6-1 共发现了 4 个等位基因，分别是以前报道过的 A 和 B，及新发现的 D 和 E，没有发现 C 等位基因。其中 E 等位基因中新报道的 SNP 位点在编码区的上游，D 等位基因没有发现新的 SNP 位点，它只是含有 A 和 B 等位基因的 SNP 位点。对 515 个个体基因型进行分析发现，AA（9.3%），AB（30.5%），AD（6.4%），AE（2.1%），BB（35.0%），BD（10.0%），BE（3.9%），DD（1.6%）DE（1.2%），等位基因 A、B、D 和 E 的频率分别为 28.9%、57.1%、10.3% 和

3.7%（表6-3）。

表6-3 羊毛性状与 *KRTAP6-1* 基因多态性之间的关联分析

性状	等位基因	样本量 n		Mean±SE		P
		缺失	存在	缺失	存在	
初生羊毛长度	A	265	250	48.7±0.7	48.1±0.7	0.309
	B	107	408	48.5±0.9	48.3±0.7	0.833
	D	418	97	48.1±0.7	50.0±0.9	0.010
	E	477	38	48.4±0.7	47.8±1.2	0.575
二毛期羊毛长度	A	265	250	88.2±2.6	87.6±2.6	0.620
	B	107	408	87.9±2.8	88.0±2.6	0.958
	D	418	97	88.4±2.6	87.0±2.8	0.376
	E	477	38	87.2±2.5	94.5±3.3	0.002
二毛期羊毛弯曲的长度	A	265	250	53.1±0.7	53.3±0.7	0.562
	B	107	408	53.3±0.8	53.2±0.7	0.826
	D	418	97	53.2±0.7	53.2±0.8	0.915
	E	477	38	53.3±0.7	52.6±0.9	0.330
初生期羊毛弯曲数	A	265	250	5.8±0.1	5.8±0.1	0.512
	B	107	408	5.7±0.2	5.8±0.1	0.396
	D	418	97	5.8±0.1	5.8±0.1	0.682
	E	477	38	5.8±0.1	5.7±0.2	0.513
二毛期羊毛弯曲数	A	265	250	6.3±0.2	6.3±0.2	0.658
	B	107	408	6.3±0.2	6.3±0.2	0.745
	D	418	97	6.3±0.2	6.4±0.2	0.525
	E	477	38	6.3±0.2	6.7±0.3	0.020
二毛期羊毛弯曲率	A	265	250	0.82±0.03	0.83±0.03	0.453
	B	107	408	0.83±0.03	0.83±0.03	0.982
	D	418	97	0.82±0.03	0.84±0.03	0.232
	E	477	38	0.83±0.03	0.81±0.03	0.378

（续表）

性状	等位基因	样本量 n		Mean±SE		P
		缺失	存在	缺失	存在	
二毛期羊毛拉直与弯曲时的比值	A	265	250	1.69±0.06	1.68±0.06	0.684
	B	107	408	1.69±0.06	1.69±0.05	0.994
	D	418	97	1.70±0.06	1.67±0.06	0.452
	E	477	38	1.67±0.05	1.82±0.07	0.002

2. *KRTAP*8-1 基因对羊毛性状的影响

在滩羊中鉴定出 3 个 PCR-SSCP 条带类型，代表 *KRTAP*8-1 的 3 个等位基因（图 6-1），对这 3 个等位基因进行测序后发现，分别是先前鉴定的绵羊 *KRTAP*8-1 的 *A*（GenBank JN091632）、*D*（GenBank JN091635）和 *E*（GenBank JN091636）等位基因，没有发现 *B*（GenBank JN091633）和 *C*（GenBank JN091634）等位基因。

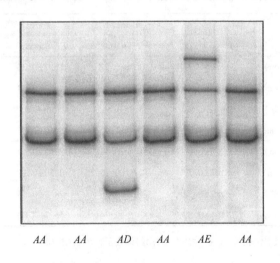

AA   AA   AD   AA   AE   AA

图 6-1   滩羊的 *KAP*8-1 基因 PCR-SSCP 检测到的多态性

注：3 个 PCR-SSCP 条带类型对应于先前鉴定的绵羊 KRTAP8-1 的 *A*、*D* 和 *E* 等位基因（Gong et al.，2012b），图中既有纯合子也有杂合子

滩羊 *KRTAP*8-1 在 270 只羊羔中共观察到 6 个基因型。*AA*（n=112）、*AE*（n=64）、*EE*（n=83）、*AD*（n=5）、*DE*（n=3）和 *DD*（n=3）基因型频率分别为 41.5%、23.7%、30.7%、1.9%、1.1% 和 1.1%。*A*、*D* 和 *E* 等位基因频率分别为 54.3%、2.6% 和 43.1%。

从表 6-4 可以看出，*KRTAP*8-1 变异与羊毛性状的关系：在 SSCP 中发现的 6 个基因型中，*AD*、*DD*、*DE* 基因型出现的频率小于 5%，因此将这 3 个基因型的绵羊从关联分析中剔除。因此，对另外 3 个基因型（*AA*、*AE* 和 *EE*）进行了分析。

通过模型分析，*KRTAP*8-1 的基因型对绒毛 CVFD 有影响（$P=0.022$）。相比于 *AA* 或 *AE* 基因型羊羔，*EE* 基因型羊羔的绒毛 CVFD 更高，同时发现绒毛和两形毛纤维对 FDSD 有影响的趋势（$P=0.066$ 和 $P=0.061$）（表 6-4），绒毛或两形毛对 MFD 和 MFC 未发现有相关性。

表 6-4　*KRTAP*8-1（绒毛和两型羊毛纤维）基因型与 4 种性状的相关性

羊毛类型	性状	Mean±SE			P
		AA（n=112）	*AE*（n=64）	*EE*（n=83）	
绒毛	MFD（μm）	16.6±0.20	16.6±0.22	16.7±0.20	0.885
	FDSD（μm）	4.00±0.13	3.97±0.14	4.27±0.13	0.066
	CVFD（%）	24.1±0.62[b]	23.9±0.66[b]	25.6±0.61[a]	0.022
	MFC（°/mm）	63.4±1.37	65.0±1.45	63.0±1.35	0.406
两形毛	MFD（μm）	29.5±0.40	30.1±0.42	29.5±0.40	0.421
	FDSD（μm）	8.02±0.17	8.40±0.18	8.36±0.17	0.061
	CVFD（%）	27.2±0.52	28.0±0.56	28.3±0.53	0.122
	MFC（°/mm）	46.4±0.89	46.3±0.94	46.7±0.90	0.896

注：$P<0.05$ 用加粗字体表示，$0.05 \leqslant P<0.10$ 用斜体表示，$P<0.05$ 为差异显著

3. *KRTAP*8-2 基因对羊毛性状的影响

在滩羊中鉴定出 2 个 PCR-SSCP 条带类型，代表 *KRTAP*8-2 的 2 个等位基因，对这 2 个等位基因进行测序后发现，滩羊 *KRTAP*8-2 在 156 只羊羔中共观察到 3 个基因型，*AA*（n=83）、*AB*（n=41）、*BB*（n=32）基因型频率分别为

53.2%、26.3%、20.5%。A 和 B 等位基因频率分别为 66.3% 和 33.7%（表6-5）。

表6-5　*KRTAP*8-2（绒毛和两型羊毛纤维）基因型与四种性状的相关性

性状	等位基因	样本量 n		Mean±SE		*P*
		缺失	存在	缺失	存在	
初生期羊毛长度	A	32	124	44.6±1.4	46.2±0.8	0.233
	B	83	73	45.6±0.9	46.3±1.0	0.523
二毛期羊毛长度	A	32	124	73.1±1.3	69.8±0.9	0.011
	B	83	73	71.9±1.1	72.7±1.2	0.734
二毛期羊毛弯曲的长度	A	32	124	42.5±0.7	43.9±0.5	0.064
	B	83	73	43.4±0.9	43.1±1.0	0.738
二毛期羊毛弯曲数	A	32	124	6.2±0.2	5.9±0.2	0.223
	B	83	73	6.0±0.2	5.9±0.1	0.525
二毛期羊毛弯曲率	A	32	124	0.84±0.03	0.81±0.02	0.375
	B	83	73	0.81±0.03	0.82±0.03	0.908
二毛期羊毛拉直与弯曲时的比值	A	32	124	1.72±0.04	1.59±0.02	0.001
	B	83	73	1.60±0.03	1.63±0.03	0.290
出生到二毛的生长速度	A	32	124	0.82±0.05	0.75±0.03	0.077
	B	83	73	0.76±0.03	0.76±0.03	0.892

二毛期羊毛拉直与弯曲时的比值在 *A* 缺失是 1.72±0.04，在 *A* 存在时是 1.59±0.02，达到了差异显著水平 *P*=0.001。二毛期羊毛长度在 A 缺失是（73.1±1.3）mm，在 *A* 存在时是（69.8±0.9）mm，达到了差异显著水平 *P*=0.011。出生到二毛的生长速度在 *A* 缺失时是（0.82±0.05）mm/d，在 *A* 存在时是（0.75±0.03）mm/d，*P*=0.077，有影响的趋势。二毛期羊毛弯曲的长度在 *A* 缺失时是（42.5±0.7）mm，在 *A* 存在时是（43.9±0.5）mm，*P*=0.064，有影响的趋势。

4. 3 种 *KRTAPs* 的检测结果及相关蛋白预测结果

3 种 *KRTAPs* 的检测结果及蛋白预测结果如下。

KRTAP6-1

KRTAP6-1 * A　TCTACCCGAGAACAACCTCAACAAGCAACACCATGTGTGGCTACTACGGAAACTACTATG ········ 60

KRTAP6-1 * B　·· 60

```
KRTAP6-1*C    ···················································································· 60
KRTAP6-1*D    ···················································································· 60
KRTAP6-1*E    ------------------------c ····················································· 60

KRTAP6-1*A    GCGGCCTCGGCTGTGGAAGCTACAGCTATGGAGGCCTGGGCTGTGGCTATGGCTCCTGCT ········· 120
KRTAP6-1*B    ···················································································· 120
KRTAP6-1*C    ···················································································· 108
KRTAP6-1*D    ···················································································· 120
KRTAP6-1*E    ···················································································· 120

KRTAP6-1*A    ACGGCTCTGGCTTCCGCAGGCTGGGCTGTGGCTATGGCTGTGGCTATGGCTATGGCTCCC ········· 180
KRTAP6-1*B    ···················································································· 180
KRTAP6-1*C    ···················································································· 123
KRTAP6-1*D    ···················································································· 180
KRTAP6-1*E    ···················································································· 180

KRTAP6-1*A    GCTCTCTCTGTGGAAGTGGCTATGGCTATGGCTCCCGCTCTCTCTGTGGAAGTGGCTATG ········· 240
KRTAP6-1*B    ···················································································· 240
KRTAP6-1*C    ···················································································· 183
KRTAP6-1*D    ···················································································· 240
KRTAP6-1*E    ···················································································· 240

KRTAP6-1*A    GATGCGGCTCTGGCTATGGCTCTGGCTTTGGCTACTACTATTGAGGATGCCACGGAAGAC ········· 300
KRTAP6-1*B    -------------------------------------------------------a ············· 300
KRTAP6-1*C    ···················································································· 243
KRTAP6-1*D    -------------------------------------------------------a ············· 300
KRTAP6-1*E    ···················································································· 300

KRTAP6-1*A    TCTCATCCTCTATACCTGGACACCAGGATTCACCAGTTCTGAATGAACCCCATACATTCT ·········· 360
KRTAP6-1*B    -------------------------------------a ······································· 360
KRTAP6-1*C    ···················································································· 303
KRTAP6-1*D    ···················································································· 360
KRTAP6-1*E    ···················································································· 360

KRTAP6-1*A    TCGTCCTACTAAAGACTTGC ········································································ 380
```

*KRTAP*6-1 * *B* -t ··· 380
*KRTAP*6-1 * *C* ·· 323
*KRTAP*6-1 * *D* ·· 380
*KRTAP*6-1 * *E* ·· 380

*KAP*6-1

*KAP*6-1-*A* MCGYYGNYYGGLGCGSYSYGGLGCGYGSCYGSGFRRLGCGYGCGYGYGSRSLCGSGYGYG ············ 60
*KAP*6-1-*B* ··· 60
*KAP*6-1-*C* ··· 41
*KAP*6-1-*D* ··· 60
*KAP*6-1-*E* ··· 60

*KAP*6-1-*A* SRSLCGSGYGCGSGYGSGFGYYY ··· 83
*KAP*6-1-*B* ··· 83
*KAP*6-1-*C* ··· 64
*KAP*6-1-*D* ··· 83
*KAP*6-1-*E* ··· 83

*KRTAP*8-1

*KRTAP*8-1 * *A* CATTCCCTGCTCTCCAAGCCGCCCAACCCAGACACCATGAGCTACTGCTTCTCCAGCACC ············ 60
*KRTAP*8-1 * *B*-------------------t ··· 60
*KRTAP*8-1 * *C* ·· 60
*KRTAP*8-1 * *D* ·· 60
*KRTAP*8-1 * *E* ·· 60

*KRTAP*8-1 * *A* GTCTTCCCAGGTTGCTACTGGGGCAGCTATGGCTACCCGCTGGGCTACAGTGTGGGCTGT ········ 120
*KRTAP*8-1 * *B* ·· 120
*KRTAP*8-1 * *C* -------------t ·· 120
*KRTAP*8-1 * *D* ·· 120
*KRTAP*8-1 * *E* ·· 120

*KRTAP*8-1 * *A* GGCTACGGTAGTACCTACTCCCCAGTGGGCTATGGCTTCGGCTATGGCTACAACGGCTCT ········ 180
*KRTAP*8-1 * *B* ·· 180
*KRTAP*8-1 * *C* ·· 180

KRTAP8-1 * D --------------a ·· 180

KRTAP8-1 * E --------------------------------c ······················· 180

KRTAP8-1 * A GGGGCCTTCGGTTGCCGAAGATTCTGGCCATTTGCTCTCTACTGATTTGCTGAAATACCA ········ 240

KRTAP8-1 * B ·· 240

KRTAP8-1 * C ·· 240

KRTAP8-1 * D ·· 240

KRTAP8-1 * E ·· 240

KRTAP8-1 * A GAGGCATGGAATCTTCTC ··· 258

KRTAP8-1 * B ·· 258

KRTAP8-1 * C ·· 258

KRTAP8-1 * D ·· 258

KRTAP8-1 * E ·· 258

KAP8-1

KAP8-1 * A MSYCFSSTVFPGCYWGSYGYPLGYSVGCGYGSTYSPVGYGFGYGYNGSGAFGCRRFWPFA ········· 60

KAP8-1 * B ·· 60

KAP8-1 * C ·· 60

KAP8-1 * D -----------------------------------n ··························· 60

KAP8-1 * E ·· 60

KAP8-1 * A LY ·· 62

KAP8-1 * B ·· 62

KAP8-1 * C ·· 62

KAP8-1 * D ·· 62

KAP8-1 * E ·· 62

KRTAP8-2

KRTAP8-2 * A TAGGCAGTCAGTCATCCTGAAACAATTTTAAAGAGTAATGAAGAAGCCTAGGGTGGGTAT ········ 60

KRTAP8-2 * B ·· 60

KRTAP8-2 * A TTGTTGCCACACCCCTTAGTGGCAGTGTATAAAAGGCTTGGACAGATGGAGCAAGTTATT ········ 120

*KRTAP*8-2 * *B* ------t ·· 120

*KRTAP*8-2 * *A* CCCAGGGAATGGGGTCTTTGCCGCTGAACACTCATCTCTTATCAAAAATGTCCTGTGGCT ········· 180

*KRTAP*8-2 * *B* ·· 180

*KRTAP*8-2 * *A* TTTTCAATGAAGGCATCTACCCAGGTTACTACTGGGGCAGTTGGGGATACCCCCTGGGCT ········· 240

*KRTAP*8-2 * *B* ·· 240

*KRTAP*8-2 * *A* ACAGTGTTGGCTGTGGATATGGTAGCACCTATTCCCCAGTGGGCTATGGGTTCGGATACG ········· 300

*KRTAP*8-2 * *B* ·· 300

*KRTAP*8-2 * *A* GATATGGTGGCTTCCGCCCATTTGACTACAGAAGATACTGGACATTTGACCTCTATTAAT ········· 360

*KRTAP*8-2 * *B* ·· 360

*KRTAP*8-2 * *A* CAACTTCTAACCTCATGAACTGCACAATAATCTGCATCCCTCAGAACCAAACTTGAAGCA ········· 420

*KRTAP*8-2 * *B* ·· 420

*KRTAP*8-2 * *A* ATATTGTACTGACAGCTTTCCAGAGTACAGAACGTGGACTTCATATTCTCTAT ········· 473

*KRTAP*8-2 * *B* ·· 473

*KAP*8-2

*KAP*8-2 * *A* MSCGFFNEGIYPGYYWGSWGYPLGYSVGCGYGSTYSPVGYGFGYGYGGFRPFDYRRYWTF ············ 60

*KAP*8-2 * *B* ·· 60

*KAP*8-2 * *A* DLY ·· 63

*KAP*8-2 * *B* ·· 63

四、讨论

　　该基因的另外 2 个变异的鉴定将 *KRTAP*6-1 等位基因的数量从 3 个增加到 5 个，这表明 *KRTAP*6-1 是绵羊中的一个多态丰富的基因，证实它对羊毛特性的影响值得进一步研究。

　　揭示 *KRTAP*6-1 的变异与滩羊毛性状之间的联系，发现在二毛期长的伸直纤维长度，高的卷曲数和高的卷曲程度与变异 *E* 相关，而在接受这一发现时需要小心，因为 E 是不太常见的等位基因，因此存在检测到的关联可能是由于羊毛性状相关。例如，由于二毛的伸直纤维长度与二毛期羊毛拉直与弯曲时的比值中度相关，等位基因 E 与这两个性状的相关可能是由于它们之间的相关性引起。相反，这里获得的关联不能仅仅用羊毛性状的相关性来解释。例如，二毛期羊毛拉直与弯曲时的比值与二毛期羊毛弯曲长度呈强的正相关，但等位基因 E 与二毛期羊毛弯曲长度没有相关性。同样，尽管在二毛期羊毛卷曲数与二毛期羊毛弯曲率有很强的相关性，缺失/存在等位基因 E 与二毛期羊毛弯曲率没有相关性。这表明 *KRTAP*6-1 可能对多种羊毛性状有独立的影响。

据报道，*KRTAP*6-1 的变异会影响美利奴杂交羊的羊毛性状（Zhou 等，2015）。然而，很难将中国滩羊的结果与这些结果进行比较。首先，对这两组绵羊的不同羊毛性状进行了测定。其次，与中国滩羊羊毛性状相关的等位基因（D 和 E）在美利奴杂交羊中没有发现，而影响美利奴杂交羊羊毛性状的 C 等位基因在中国滩羊中没有发现。然而，在所研究的滩羊中缺乏 *KRTAP*6-1 等位基因 C。*KRTAP*6-1 的 C 等位基因在编码区有 57bp 的缺失，这将导致在蛋白质的中心区域丢失 2 个 GCGY 重复序列和另外 11 个氨基酸。据报道，这种变异与美利奴杂交羊的平均纤维直径较高有关（Zhou 等，2015）。

滩羊毛包含 2 种不同类型的纤维混合物：两形毛和绒毛。每种类型约占羊毛重量的 50%。虽然两形毛的 MFD 较高（大于 26.6μm），但绒毛的平均直径为 17.4μm（Yang，2011）。滩羊两形毛的细度与该品种没有 C 等位基因相一致。

*KRTAP*6-1 对滩羊羊毛生长的影响似乎与最近报道的该品种中另一个名为 *KRTAP*8-2 的 hgt-KAP 基因的影响相似（Tao 等，2017）。*KRTAP*6-1 和 *KRTAP*8-2 与其他 *KRTAP* 一起聚集在绵羊 1 号染色体上，包括编码其他 KAP6 和 KAP8 蛋白的基因，以及 KAP7、KAP11、KAP13 和 KAP24 家族（Gong 等，2012；Zhou 等，2012；Gong 等，2014；zhou 等，2016）。鉴于所有这些 *KRTAPs* 都是多态性的并且可能表达（Gong 等，2016），很难确定这里检测到的效应是来自 *KRTAP*6-1 自身的变异，还是与附近其他 *KRTAPs* 的变异有关。然而，本研究中发现的 *KRTAP*6-1 可能影响滩羊的羊毛性状。

从表 6-2 可以看出，滩羊羊毛性状的相关性：无论是滩羊绒毛纤维还是两形

毛纤维中，FDSD 和 CVFD 之间都为强的极显著正相关相关性，在绒毛纤维中相关系数达到 0.929，两形毛中相关系数达到 0.760，MFD 与 FDSD 存在中等显著相关性（$0.3 < |r| \leq 0.7$），在 MFD 和 *MFC* 之间存在中等显著负相关，绒毛与 MFC 之间存在中等显著负相关。两形毛 MFD 与 FDSD 之间存在中等显著相关性。而其他羊毛性状之间相关性很弱，可以忽略不计（$|r| \leq 0.3$）。

本研究揭示了滩羊 *KRTAP*8-1 的变异。观察到滩羊 *KRTAP*8-1 的变异水平低于新西兰的罗姆尼杂交绵羊。在滩羊中观察到 3 个等位基因，而在新西兰绵羊中则观察到 5 个等位基因。滩羊和新西兰绵羊在变异频率上也有差异。在新西兰罗姆尼绵羊中等位基因 E 检测频率为 5.0%，而在滩羊中 E 等位基因是最常见（频率为 43.1%）。滩羊绒毛 CVFD 为 24.2% ± 0.26%，两形毛 CVFD 为 28.3% ± 0.22%，高于在新西兰发现美利奴杂交绵羊 CVFD 为 21.8% ± 0.15% 和新西兰罗姆尼羊（未发表的数据）CVFD 为 23.5% ± 0.13% 的数值。因此，在这种背景下，滩羊中较高频率的 E 等位基因似乎支持了 EE 基因型与 CVFD 增加有关的发现，即 EE 基因型与滩羊绒毛的纤维变异性有关。

CVFD 与绒毛纤维存在相关性可能是由于 FDSD 影响，因为 CVFD = FDSD/MFD×100%。假设 *KRTAP*8-1 对 MFD 没有影响，FDSD 的变化将导致 CVFD 的变化，并且在 MFD 较低的情况下，变化将更加明显。这可以解释为什么在滩羊绒毛中，基因型与 FDSD 存在相关性，导致该基因型与 CVFD 也存在相关性，而在两形毛中没有该现象。*KRTAP*8-1 的变化也可能影响纤维的均匀性，而不影响 MFD。事实上，纤维的平均直径可能保持相似，但纤维的横截面形状可能是椭圆形而不是圆形，从而影响到 FDSD 和 CVFD。因此，A 等位基因可能与较多的圆柱形纤维有关，而 E 等位基因可能与较多的椭圆形纤维有关。总体而言，在滩羊中检测到 E 等位基因的频率较高，这表明如果绵羊中没有检测到 E 等位基因，那么绵羊羊毛纤维的均匀性可能会得到改善。

*KRTAP*8-1 与 1 号染色体上的其他 HGT-*KRTAP* 和一些 HS-*KRTAP* 发生聚集，其中包括 *KRTAP*6-n、*KRTAP*7-1、*KRTAP*8-2、*KRTAP*11-1、*KRTAP*13-3、*KRTAP*15-1、*KRTAP*20-2、*KRTAP*22-1、*KRTAP*24-1 和 *KRTAP*26-1。鉴于所有绵羊 *KRTAPs* 都具有多态性并可能表达，*KRTAP*8-1 检测到的关联性仍有可能是

与 *KRTAP*8－1 的变化相关的其他 *KRTAPs* 的变化引起的。然而，检测到的 *KRTAP*8－1 与其他基因的不同联系表明，这是不可能的。例如，*KRTAP*6－1 和 *KRTAP*6－3 据报道与 MFD 相关，*KRTAP*15－1 和 *KRTAP*22－1 与羊毛净毛率相关，*KRTAP*20－2 与 MFC 相关，*KRTAP*26－1 与 MSL、MFD、FDSD 和 PF 相关，而在这个研究中，*KRTAP*8－1 的存在只影响纤维均匀性的变化。这表明该研究检测到的 *KRTAP*8－1 的相关性，仅代表 *KRTAP*8－1 的作用。

虽然 FDSD 与 CVFD 之间存在很强的相关性，MFD 与 FDSD 之间存在中等相关性，但绒毛纤维与 4 种羊毛性状之间的相关性与两形毛纤维有所不同，绒毛的相关系数高于两形毛。同样，在两形毛中，MFD 与 CVFD、MFD 与 MFC、FDSD 与 MFC 之间的中等相关性变得微弱或可以忽略。这表明，与两形毛相比，绒毛与羊毛性状的相关性更大。两形毛与性状间相关性较低，可能是由于观察到两形毛有髓质。这可能与较高的纤维直径和明显降低的纤维均匀性有关（即 MFD 增加，但 FDSD 也增加）。鉴于 CVFD＝FDSD/MFD×100%，因此 CVFD 会有较低水平的增加。

A 和 *E* 等位基因在 39 号密码子上相差一个同义 SNP（c. 117）。虽然同义 SNP 不会导致氨基酸的变化，但是同义 SNP 的功能作用也不容忽视。人们已经认识到，同义 SNP 可以影响 mRNA 的稳定性，可以改变翻译效率和氨基酸链伸长率，还可能影响共翻译蛋白折叠。酪氨酸是 HGT-KAPs 的重要而常见的残基，在第 39 个密码子时，*A* 等位基因有 1 个酪氨酸密码子 TAT，而 *E* 等位基因有 1 个酪氨酸密码子 TAC。绵羊 *KAP*8－1 中存在 11 种酪氨酸，其中大部分（73%～82%）由 TAC 编码，只有少量由 TAT 编码。绵羊 *KRTAP*8－1 的 TAC 密码子频率高于绵羊基因组中 64% 的平均频率（https：//www. kazusa. or. jp/codon/cgi－bin/showcodon. cgi？species ＝9940）。*E* 等位基因与其他等位基因（包括 *A* 等位基因）相比，*E* 等位基因中 TAT 被 TAC 替换，将导致 TAC 密码子使用频率更高，*E* 等位基因转录翻译的异受体 tRNA 的相对可用性更低，从而降低了 *KRTAP*8－1 的表达。从而可能会影响 IFs 的交联，影响羊毛的均匀性，但这需要进一步的研究。

本研究揭示了滩羊 *KRTAP*8－2 的变异。在对人类的研究中，没有发现该基因，但是在绵羊中发现了该基因，观察到 *KRTAP*8－2 新西兰的罗姆尼杂交绵羊 2

个的基因频率和滩羊的不一样。新西兰的罗姆尼杂交绵羊 *A* 等位基因超过 90%，*B* 等位基因频率不超过 10%。在本研究中滩羊 *A* 和 *B* 等位基因的频率分别是 66.3%和 33.7%，这可能是品种和地域等的差异。在滩羊的研究中，发现基因型频率不符合哈德温格平衡，这可能是长期人工选育的结果。在山羊的研究中，也发现了这种现象，具体原因还需进一步验证。

在 *A* 等位基因缺失时是 1.72±0.04，在 *A* 等位基因存在时是 1.59±0.02，达到了差异显著水平 $P = 0.001$。在 *A* 等位基因缺失时是（73.1±1.3）mm，在 *A* 等位基因存在时是（69.8±0.9）mm，达到了差异显著水平 $P = 0.011$。在 *A* 等位基因缺失时是（0.82±0.05）mm/d，在 *A* 存在时是（0.75±0.03）mm/d，$P = 0.077$，有影响的趋势。二毛期羊毛弯曲的长度在 *A* 等位基因缺失时是（42.5±0.7）mm，在 *A* 等位基因存在时是（43.9±0.5）mm，$P = 0.064$，有影响的趋势。

*KRTAP*8-2 基因多态性与二毛期羊毛拉直与弯曲时的比值及二毛期羊毛长度相关。对出生到二毛的生长速度和二毛期羊毛弯曲的长度的变化有影响的趋势。这是可能的，因为二毛期羊毛拉直与弯曲时的比值与二毛期羊毛长度之间有强的相关性，羊毛的生长速度与二毛期羊毛拉直与弯曲时的比值及二毛期羊毛长度之间是弱相关。*KRTAP*8-2 基因多态性的主要影响是二毛期羊毛拉直与弯曲时的比值，当 *A* 等位基因存在时不仅羊毛长度较短，而且有增加弯曲羊毛长度的趋势。*KRTAP*8-2 多态性对羊毛的弯曲度没有影响，可能是 *KRTAP*8-2 影响弯曲幅度，进而影响二毛期羊毛拉直与弯曲时的比值。

本研究发现，*KRTAP*8-2 多态性影响滩羊早期的羊毛性状。该基因在山羊中已有研究，发现影响山羊羊毛直径、羊毛长度和绒的重量。然而在山羊中发现该基因的 SNP 位点在编码区，导致一个氨基酸发生变化。然而在本研究中，该基因的 SNP 位点位于启动子区，在 TATA-box 上游的 21 个碱基处。

在滩羊的研究中发现，与新西兰罗姆尼杂交羊相比，*B* 等位基因的频率增加，而 *A* 等位基因的频率减少。这与相关性分析的结果一致，研究发现 *A* 等位基因对羊毛性状有不良影响，它的存在导致二毛期羊毛拉直与弯曲时的比值及二毛期羊毛长度降低，这个与滩羊的选育目标相反，所以在选育时会主动剔除携带 *A*

等位基因的不良个体，进而导致 *B* 等位基因的频率升高。

同时，实验的结果可能显示，这些可能是 *KRTAP8-2* 与别的 *KRTAPs* 基因多态性连锁的结果。*KRTAPs* 聚集在 1 号染色体上，与别的如 *KAPRT6*、*KAPRT7*、*KAPRT8*、*KAPRT11*、*KAPRT13* 和 *KAPRT24* 基因家族相毗邻。由于这种情况的存在，很难说一个 *KRTAPs* 对一个性状有独立的影响，尤其是它们离 *KRTAP8-2* 很近。在本实验相关性研究发现，*KRTAP8-2* 可能作为滩羊羊毛选育的分子标记。

五、结论

研究发现滩羊 *KRTAP6-1* 检测到以前发现的 *A* 和 *B* 等位基因，同时新发现了 *D* 和 *E* 等位基因。没有发现 *C* 等位基因。4 种等位基因的基因频率分别是 28.9%、57.1%、10.3%和 3.7%。*D* 等位基因增加了初生期滩羊羊毛的羊毛拉直长度。E 等位基因的增加了二毛期滩羊羊毛的羊毛拉直长度，增加了二毛期的羊毛弯曲数和弯曲度，也和滩羊出生到二毛期的羊毛生长速度快相关。本研究证实了 *KRTAP6-1* 可能影响滩羊早期羊毛性状。

滩羊 *KRTAP8-1* 基因对绒毛 CVFD 有影响。相比于 *AA* 或 *AE* 基因型羊羔，*EE* 基因型羊羔产生的绒毛 CVFD 更高，同时发现绒毛和两形毛纤维对 FDSD 有影响的趋势，绒毛或两形毛与 MFD 和 MFC 没有相关性。

滩羊 *KRTAP8-2* 检测到 2 个等位基因，分别是 *A* 和 *B* 等位基因，*B* 等位基因的基因频率高于 *A* 等位基因。发现 *A* 等位基因与二毛期羊毛的长度及弯曲毛占羊毛长度的比例减少相关，*A* 等位基因存在或缺失对二毛期弯曲毛的长度及出生到二毛期的羊毛生长速度有影响的趋势。*KRTAP8-2* 的多态性影响羊毛的弯曲和早期羊毛的生长。

第七章 滩羊裘皮蛋白组学研究

第一节 串子花滩羊皮肤组织季节变化规律研究

滩羊是我国优良裘皮羊种，其裘皮花穗的形态是二毛裘皮最重要的经济性状，同时花穗的优劣是评价二毛裘皮质量的主要指标。除1月龄的滩羊表现为二毛裘皮外，在1岁以内的不同生长时期均呈现不同状态，但随着滩羊生长的二毛裘皮及其各类花穗的特性随之消失，这些变化与滩羊皮肤中的蛋白表达是息息相关的。通过对滩羊1周岁内不同生长时期皮肤差异表达蛋白进行研究，为滩羊皮肤的年变化规律研究提供理论基础。

一、材料与方法

（一）试验材料

1. 样品采集

皮肤样品采自于宁夏盐池滩羊选育场，分别于3月、6月、9月、12月采集1岁以内滩羊体侧肩胛骨后缘处1cm²皮肤样品6份，并将样品置于干冰中保存带回试验室，于-80℃保存备用。

2. 试剂

试验主要试剂如表7-1所示。

表 7-1　试验主要试剂

试剂名称	生产信息
IPG 固相干胶条	GE 医疗生命科学集团公司
IPG buffer	GE 医疗生命科学集团公司
矿物油	GE 医疗生命科学集团公司
IAA	北京索莱宝公司
DTT	北京索莱宝公司
尿素	北京索莱宝公司
CHAPS	西格玛奥德里奇公司
Tris-HCl	西格玛奥德里奇公司
30%聚丙烯酰胺	西格玛奥德里奇公司
过硫酸铵	西格玛奥德里奇公司
TEMED	北京索莱宝公司
甘油	北京索莱宝公司

3. 仪器

试验主要仪器如表 7-2 所示。

表 7-2　试验主要仪器

仪器名称	型号	制造商
GE EttanTM IPGphorTM 3 IEF System	Ettan IPGphor	GE 医疗生命科学集团公司
胶条槽	Ettan IPGphor 3	GE 医疗生命科学集团公司
振荡仪	RA. 12-MS3	海门市其林贝尔仪器有限公司
垂直电泳系统	Ettansix	GE 医疗生命科学集团公司
低温离心机	5417R	艾本德公司
扫描仪	ImageScanner	GE 医疗生命科学集团公司
紫外可见分光光度计	U2800	北京天根

4. 试剂配方

试验试剂的配方如表 7-3 所示。

表7-3 试验试剂配方

试剂	试剂配方
TCA-丙酮溶液	称取0.081 7g TCA（三氯乙酸），溶于5mL丙酮
100%丙酮溶液	量取10mL丙酮，7μL β-巯基乙醇
90%丙酮溶液	量取9mL丙酮，1mL超纯水，7μL β-巯基乙醇
0.001%溴酚蓝（W/V）	称取0.010 mg溴酚蓝用MilliQ水溶解，定容至10mL，室温保存
10%SDS（M/V）	称取10g SDS用MilliQ水溶解，再定容至100mL，室温保存
BRADFORD法定量工作比色液	称取100mg考马斯亮蓝G-250溶于100mL去离子水，分别加入50mL 95%乙醇和85%磷酸，定容至1L，滤纸过滤，棕色瓶室温保存
染色液	分别量取50mL去离子水与50mL浓H$_3$PO$_4$于500mL烧杯中混匀，称取50g粉末状（NH$_4$）$_2$SO$_4$倒入烧杯，搅拌至完全溶解；加入0.6g考马斯亮蓝固体并长时间搅拌，用去离子水定容至400mL。
10%过硫酸铵	称取0.1g过硫酸铵溶于1mL MilliQ水，4℃冰箱保存
10×电泳缓冲液	称取30g Tris、144g甘氨酸、10g SDS，溶于去离子水，调pH值至8.3，去离子水定容至1L。混匀后，室温保存
上样缓冲液	1.775mL MilliQ水、0.625mL 0.5mol·L^{-1} Tris-HCl（pH 6.8）、1.25mL甘油、1mL 10%（w/v）SDS、0.1 mL 0.001%（w/v）溴酚蓝
胶条平衡缓冲液母液	称取尿素36g，再称取SDS 2g，Tris-HCl pH值8.825mL，甘油20mL，用超纯水定容至100mL，分装放置-20℃保存
胶条平衡缓冲液Ⅰ	称取0.2g DTT，加入10mL胶条平衡缓冲液母液并摇匀
胶条平衡缓冲液Ⅱ	称取0.25g碘乙酰胺，加入10mL胶条平衡缓冲液母液并摇匀
封胶液	称取0.5g低熔点琼脂糖，100μL 1%溴酚蓝，溶于1倍的电泳缓冲液，加热溶解至澄清，室温保存

（二）方法

1. 蛋白样品制备

将滩羊皮肤样品置于预冷的研钵中，用液氮反复研磨成粉状，称取0.1g皮肤样品粉末加入1mL TCA丙酮沉淀液中，放置于4℃冰箱过夜。将样品置于4℃低温离心机中12 000g，离心30min，弃上清，加入100%丙酮进行震荡洗涤5min，于低温离心机12 000g离心20min。再重复一遍上述的洗涤过程，然后用90%丙酮再次进行震荡洗涤5min，于低温离心机12 000g离心20min，弃上清，再次重复一遍90%的丙酮洗涤过程，最后弃上清并抽真空晾干。加入1mL裂解液，充分裂解后。用 Bradford 法进行皮肤蛋白质定量分析,并对定量蛋白进行分装,放置于-80℃冰箱保存。

2. 被动上样

采用蛋白质上样量600μg,18cm 的 pH 值 4~7 的 IPG 胶条进行被动水化上样。根据蛋白浓度加入一定量的水化液,使混匀上样总体积400μL,盖紧 IPG-box,放置 15℃下进行被动水化 18h。

3. 第一向等电聚焦

将水化完成的胶条放入等电聚焦仪中,将滤纸片放置在电极和胶条间,放置电极并加入适量矿物油防止溶液的挥发。设置等电聚焦程序如表7-4所示。

表7-4　等电聚焦参数

条件	参数
300V	0.5h,线性
500V	0.5h,快速
500~8 000V	3h,线性
80 000V	80 000V×h
500V	至结束

4. 第二向 SDS-PAGE 垂直电泳

配制12%的丙烯酰胺凝胶液,进行 1h 的聚合反应,待凝胶与上方液体分层时,表明凝胶已基本聚合。将聚焦完成后的 IPG 胶条用5mL 的平衡液Ⅰ(6M 尿素、2%SDS、1.5M pH8.8Tris-HCl、20%甘油和1%DTT),置于摇床平衡 15min,再加入平衡缓冲液Ⅱ(6M 尿素、2%SDS、1.5M pH 值为 8.8 Tris-HCl、20%甘油和4% IAA),放置于摇床平衡 15min。倒去 SDS-PAGE 凝胶顶端的乙醇,用超重水冲洗胶面。待平衡好的胶条与12%的聚丙烯酰胺凝胶胶面充分接触后,加入低熔点琼脂糖封胶液室温放置 5min,凝固后将其转移至垂直电泳槽内。加入电泳缓冲液进行第二向 SDS-PAGE 垂直电泳,待指示剂达到凝胶底部边缘后停止电泳。取出凝胶,切角做记号。

5. 凝胶染色及图像分析

用考马斯亮蓝溶液对凝胶图谱进行染色,用去离子水脱色,再用 Images-

Scanner 扫描仪对凝胶进行扫描。用 PDQuest8.0 软件以蛋白表达谱上以"斑点染色强度和面积 2 倍量的变化"为标准进行差异蛋白分析，查找差异蛋白点。

6. 酶解及质谱分析

取出差异蛋白点进行质谱鉴定，胶内酶解以及 Ziptip 脱盐，一级质谱（MS）扫描范围为 800～4 000Da，二级质谱（MS/MS）累计叠加 2 500次，碰撞能量 2kV。进行数据库检索，质谱测试原始文件用 Mascot 2.2 软件检索相应的数据库，鉴定蛋白质结果。

二、结果与分析

（一）凝胶电泳图谱分析

使用双向电泳试验技术重复 3 次，比较滩羊 3 月、6 月、9 月、12 月 4 个时期生长皮肤的蛋白质组，建立并优化滩羊皮肤双向电泳技术体系，得到 4 个时期的蛋白质双向电泳图谱。3 月、6 月、9 月和 12 月 4 个时期的图谱两两之间进行比对（图 7-1），获得表达差异在 3 倍以上的差异点 19 个（图 7-2）。

在 4 个时期的图谱两两之间进行比对中，其他 3 个时期与 3 月比对时共获得 12 个差异蛋白点，与 6 月比对共获得 8 个差异蛋白点，与 9 月比对共获得 10 个差异蛋白点，与 12 月比对时获得 8 个差异蛋白点。由图 7-1 可知在这些比对中 3 月与 9 月比对获得的差异蛋白点最多。

（二）差异蛋白质质谱鉴定结果

用 PDQuest8.0 软件检测并分析得到 19 个差异表达蛋白点，用 MALDI TOF/TOF-MS/MS 质谱鉴定，其中 2 号和 4 号点鉴定失败，12 号和 19 号点为未命名蛋白。成功鉴定出 15 个蛋白点（表 7-5）共 13 种蛋白。其中 1 号、3 号和 10 号点为 14-3-3 蛋白 σ 亚型，5 号点为角蛋白，4 号、6 号点为半乳糖凝集素 7，7 号点为腺苷高半胱氨酸酶，8 号点为 α-烯醇化酶，9 号点为膜联蛋白 A2，11 号点为膜联蛋白 A5，13 号点为原肌球蛋白 α-1 链，14 号点为层粘连受体蛋白前体，15 号点为丝氨酸蛋白激酶 Nek1，16 号点为角蛋白 25，17 号点为 14-3-3 蛋白 ζ 亚型，18 号点为微管蛋白 α 链。

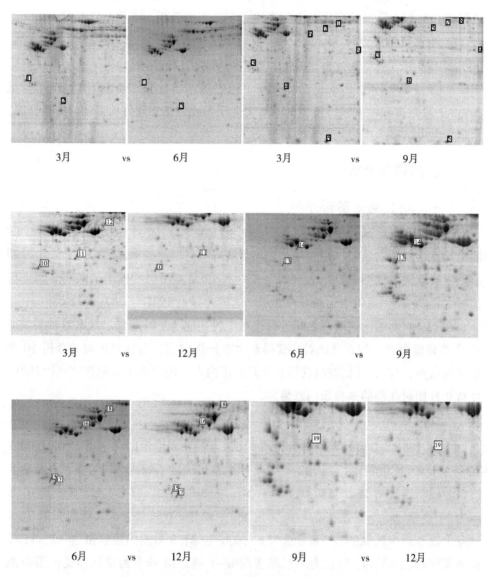

图7-1　4个时期两两之间比较差异点局部放大图

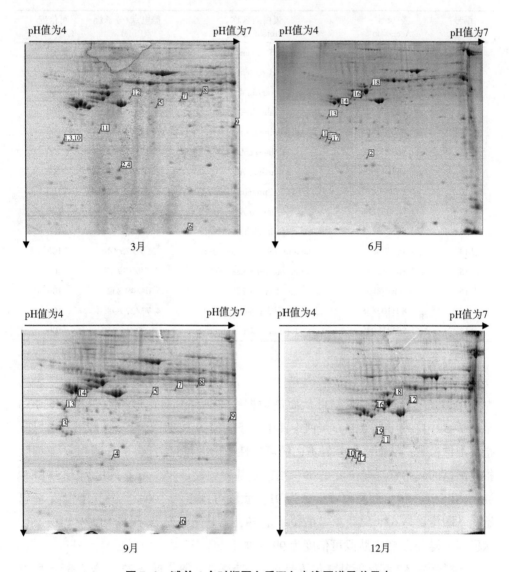

图7-2　滩羊4个时期蛋白质双向电泳图谱及差异点

表 7-5　差异蛋白质谱鉴定结果

编号 Spot No.	登录号 Accession	蛋白质名称 Protein name	等电点/分子量 PI/MW	可信度 C. I (%)
1	gi | 57163961	14-3-3 protein sigma	4. 65/27 945. 8	100
3	gi | 57163961	14-3-3 protein sigma	4. 65/27 945. 8	100
5	gi | 803289841	keratin 4	7. 49/58 826. 8	100
6	gi | 803253341	galectin-7	6. 65/20 211. 2	100
7	gi | 426241354	Adenosylhomocysteinase	5. 78/48 175. 4	100
8	gi | 803258810	alpha-enolase	6. 17/47 624. 5	100
9	gi | 965943696	annexin A2	8. 62/42 545. 7	100
10	gi | 57163961	14-3-3protein sigma	4. 65/27 945. 8	100
11	gi | 803081238	annexin A5	5. 23/35 818. 5	100
13	gi | 803085875	tropomyosin alpha-1 chain	4. 67/37 489. 1	100
14	gi | 146674809	laminin receptor precursor	5. 37/25 646	100
15	gi | 803015536	serine protein kinase Nek1	5. 39/139 176	100
16	gi | 75056016	Keratin 25	5. 04/49 852. 7	100
17	gi | 803103838	14-3-3 protein zeta	4. 73/27 898. 8	100
18	gi | 803318048	tubulin alpha chain	4. 92/46 768	100

（三）差异蛋白肽指纹图谱

用 Mascot 数据库检索软件从质谱数据中得到差异蛋白肽指纹图谱，图 7-3 至图 7-5 中陈列出部分差异蛋白中其中一条肽段的二级质谱肽指纹图谱，通过肽指纹图谱检索，从而增加差异蛋白的可靠性。由图可见，14-3-3 蛋白 σ 亚型肽指纹图谱的起始氨基酸位置是 69，结束氨基酸位置是 85，氨基酸序列为 SNEES-SEEKGPEVQEYR，肽段离子得分为 91，肽段可信度为 100%。微管蛋白 α 链起始氨基酸位置是 65，结束氨基酸位置是 79，氨基酸序列为 AVFVDLEPTVIDEVR，肽段离子得分为 59，肽段可信度为 99.99%。

膜联蛋白 A2 起始氨基酸位置是 212，结束氨基酸位置是 228，氨基酸序列为 AEDGSVIDYELIDQDAR，肽段离子得分为 145，肽段可信度为 100%。

（四）差异蛋白含量变化

在 3 月、6 月、9 月和 12 月全年 4 个时期的图谱之间进行比对，比较得到的

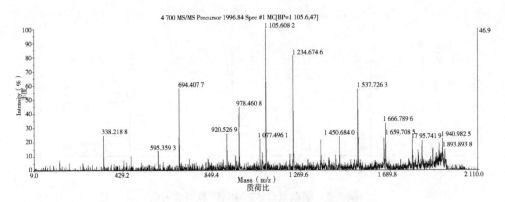

图 7-3　14-3-3 蛋白 σ 亚型 MSMS 肽指纹图谱

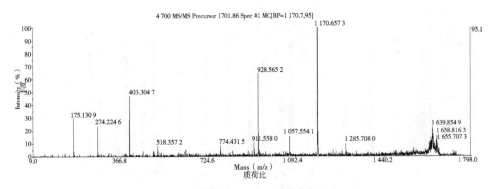

图 7-4　微管蛋白 α 链 MSMS 肽指纹图谱

差异蛋白点浓度（$\times 10^{-3}$ mL/L）（图 7-6），横坐标是差异蛋白点号，纵坐标是（$\times 10^{-3}$ mL/L）。由差异蛋白点浓度（$\times 10^{-3}$ mL/L）值图中可知只有 14-3-3 蛋白 σ 亚型差异蛋白点在滩羊皮肤 4 个时期中都存在表达差异性，其中在二毛期（3 月）时表达量最高，随着年龄的增长其表达量逐渐减少。而其他差异蛋白点的差异性只在 2 个时期之间存在，在各自存在的时期其表达性差异都比较明显。

横坐标差异蛋白点号分别代表的蛋白是：1，14-3-3 Protein Sigma（14-3-3 蛋白 σ 亚型）；5，Keratin 4（角蛋白 4）；6，Galectin-7（半乳糖凝集素 7）；7，Adenosylhomocysteinase（腺苷高半胱氨酸酶）；8，Alpha-enolase（α-烯醇化酶）；9，Annexin A2（膜联蛋白 A2）；11，Annexin A5（膜联蛋白 A5）；13，Tropomy-

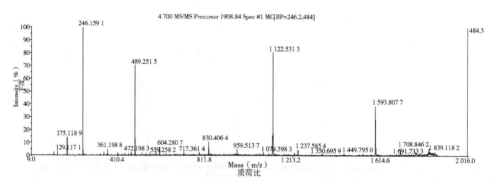

图 7-5 膜联蛋白 A2 MSMS 肽指纹图谱

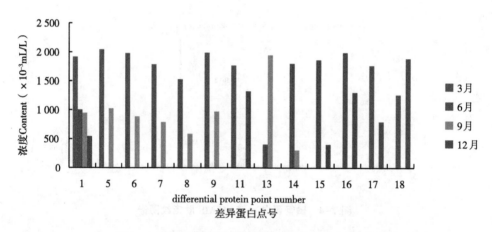

图 7-6 滩羊 4 个时期比较皮肤差异蛋白点 ppm 值

osin Alpha-1 chain（原肌球蛋白 α-1 链）；14，laminin Receptor Precursor（层黏连受体蛋白前体）；15，Serine Protein Kinase Nek1（丝氨酸蛋白激酶 Nek1）；16，Keratin 25（角蛋白 25）；17，14-3-3 Protein Zeta（14-3-3 蛋白 ζ 亚型）；18，Tubulin Alpha Chain（微管蛋白 α 链）

三、讨论

（一）K25

角蛋白（K）是由α-螺旋或β-折叠构象的多肽链组成的，是重要的羊毛结构蛋白质。K在动物皮肤毛囊中具有丰富的表达量，是构成皮肤毛囊细胞结构的主要蛋白质，具有维持毛囊结构的作用，同时又是羊毛纤维的主要组成部分，并决定着羊毛的结构特征，角蛋白可分为Ⅰ型和Ⅱ型两类角蛋白。两类角蛋白基因在绵羊皮肤不同结构中呈现着不同的表达情况，从而影响羊毛的纤维结构，对增加羊毛纤维光泽度和降低羊毛的弯曲度及细度具有重要作用。K25是属于Ⅰ型角蛋白，其基因表达于羊毛纤维的髓质和内根鞘中。高丽霞等利用双向电泳技术研究全年角蛋白与山羊绒毛的产量和绒毛纤维的质量的关系，结果发现不同角蛋白在毛囊周期中呈现出不同的表达量，在全年中，K25在7月出现最大值的蛋白表达量，7月是绒毛生长的兴盛期，推测K25可能与绒毛生长调控有关。K25在调控小鼠卷曲被毛形成中已被证实。康晓龙利用转录组测序技术分别对滩羊1月龄和48月龄的皮肤进行分析，发现K25与滩羊羊毛结构形成相关，其可能在毛发的生长及结构形成过程中起到重要作用。从试验结果分析K25在6月具有高表达量，同样得到K25在毛囊发育兴盛时期表达量比较高，与高丽霞等人的结果一致。

（二）14-3-3蛋白

14-3-3蛋白最早是在牛的脑组织中分离发现的，研究发现14-3-3蛋白以二聚体的形式发挥作用，是在真核细胞中广泛表达、功能复杂的高度保守酸性蛋白家族，包含β、γ、ε、ζ、η、θ、σ7种亚型，同时各个亚型都存在着有不同的组织定位和功能。对其功能研究发现14-3-3蛋白参与许多关于细胞的生理活动，如与细胞信号通路，细胞周期生长调控，转录因子对环境的应答，细胞凋亡、癌细胞形成及发展都有密切联系。付雪峰等应用双向电泳技术对细型细羊毛和超细型细羊毛皮肤组织进行差异表达蛋白质研究，发现14-3-3蛋白超细型细羊毛皮肤组织中高表达，推测其可能参与到对羊毛细度的调控。本试验在比对不同生长阶段滩羊皮肤中的差异蛋白点时，鉴定中出现14-3-3蛋白的ζ和σ两种亚型，通过分析发现 14-3-3 蛋白 σ 亚型在滩羊二毛期时（3月）具有最高表达量。滩羊在二毛期时其裘皮毛股在同一水平面上呈现出有规律的弯曲形状和毛股弯曲数及弯曲毛股长度占毛股全长的比例，形成二毛期特定的花穗形状。推测 14-3-3 蛋白 σ 亚型很有可能与滩羊二毛期裘皮的特定花穗形成有关。

（三）细胞骨架类蛋白

细胞骨架类蛋白由微管、肌动蛋白丝和中间丝蛋白构成，是真核细胞中主要的组成部分和功能组件，在维持细胞形态、保持细胞内部结构的有序性等诸多方面都起着重要的作用，而且还参与细胞增殖、运动、信号传递、分化及癌变等与生命现象相关的活动过程，并且在许多疾病中有过表达现象。微管则是由 α 和 β 两种微管蛋白亚单位构成的微管蛋白二聚体头尾相接所形成。微管蛋白在维持细胞形态和生长以及信号传导等过程中，都起着关键性的作用。如在肿瘤血管细胞有丝分裂时期，微管参与了染色体的定位、移动和 DNA 分离，对细胞复制极为重要，是肿瘤治疗的一个重要研究靶点。肌动蛋白丝主要分布于动物细胞膜的磷脂双分子层下，为细胞膜提供机械支持并维持其外在形状，其由两条原肌动蛋白丝组成一个右手螺旋结构，每条原肌动蛋白丝由肌动蛋白单体组成。中间丝主要位于细胞核膜的内表面，构成细胞遗传物质 DNA 的保护层。通过探讨研究发现皮肤的细胞骨架类蛋白的变化对皮肤细胞应对紫外线辐射的伤害以及清除其损伤都有密切联系，还发现其参与了紫外线诱导的细胞凋亡和细胞癌变过程。付雪峰等在对不同羊毛纤维直径细毛羊皮肤组织差异表达蛋白研究时，发现当细毛羊皮肤组织受到外伤或刺激时细胞骨架系统可以适当产生主动调节。在滩羊 6 月与 12 月皮肤图谱比对中鉴定出细胞骨架类的微管蛋白 α 链，发现在 12 月具有高表达量现象，而 12 月皮肤毛囊进入休止期，毛囊的形态也不发生变化。微管蛋白 α 链可能与冬季滩羊皮肤毛囊维护有关。

（四）膜联蛋白

膜联蛋白是分布于动物组织细胞中的一类磷脂结合蛋白。膜联蛋白 A2 是广泛表达在多细胞生物体内的膜联蛋白多基因家族的成员。研究发现膜联蛋白在炎症机制及细胞黏附、胞吐和肿瘤的发生等过程中可能存在着重要作用。有研究表明，膜联蛋白 A2 蛋白高表达与肿瘤转移存在着密切的关联。在许多人类肿瘤中都发现纤溶酶过表达，纤溶酶降解细胞外基质的活性增高，有利于血管再生和细胞迁移，并且与膜联蛋白 A2 的表达量一致。本次试验在 3 月与 9 月比对中发现膜联蛋白 A2 差异蛋白，其在 3 月高表达，由于膜联蛋白 A2 具有血管再生和细胞迁移的功能，初生的滩羊羔随着日龄的增长，毛股花穗形结构逐渐变得紧实美观。根据试验结果发现膜联蛋白 A2 在二毛期（3 月）表达量较高，可能由于滩羊二毛期毛股快速生长的时候需要的营养较多，皮肤局部的血流增加，可能有新的血管形成。因此，推测膜联蛋白 A2 可能与滩羊二毛期皮肤血管形成有关。

四、结论

通过 2-DE 技术获得高分辨率的滩羊 4 个不同生长时期皮肤双向电泳图谱，经过分析共获得 19 个差异蛋白点，质谱成功地鉴定出 15 个蛋白点，其中发现 1 号、3 号和 10 号点的 14-3-3 蛋白 σ 亚型以及 9 号点的膜联蛋白 A2、16 号点的角蛋白 25、18 号点的微管蛋白 α 链可能与滩羊皮肤生长调控有关，相关结论需进一步试验验证。

第二节 应用 iTRAQ 技术对不同羊皮肤差异表达蛋白研究

滩羊起源于蒙古羊，是我国稀有的绵羊品种，选取内蒙古苏尼特羊作为粗羊毛的羊种，中卫山羊羊毛偏细并且弯曲较少，而山羊作为发生毛股弯曲较少的羊品种，新吉细毛羊羊毛达到超细羊毛的水平，毛丛长度平均达到 95.25mm，以新吉细毛羊作为细毛羊的品种。应用 iTRAQ 技术对 4 种羊皮肤全部蛋白质进行准确的定量和鉴定，同时寻找差异表达蛋白，并分析其蛋白功能。发现滩羊、内蒙古苏尼特羊、中卫山羊和新吉细毛羊之间皮肤中的差异表达蛋白，发现滩羊羊毛粗细及弯曲度形成相关蛋白，滩羊裘皮差异蛋白组学研究为滩羊优质二毛裘皮选育研究提供科学依据。

一、材料与方法

（一）试验材料

1. 样品采集

于各地采集滩羊、中卫山羊、内蒙古苏尼特羊和新吉细毛羊体侧肩胛骨后缘处 1cm² 皮肤样品，每个品种 6 只，品种内随机混为 2 组，用生理盐水冲洗后将样品用干冰保存带回试验室，于 -80℃ 条件下保存备用，样品信息如表 7-6 所示。

表 7-6　样品信息

滩羊 Tan Sheep	内蒙古苏尼特羊 Inner Mongolia Sunite Sheep	中卫山羊 Zhongwei Goats	新吉细毛羊 Xinji Fine Wool Sheep
T-1	N-1	S-1	X-1
T-2	N-2	S-2	X-2

2. 试验仪器

Q-Exactive 质谱仪（Thermo Finnigan），Easy nLC1000 纳升级液相色谱仪（Thermo Finnigan），AKTA Purifier100 纯化仪（GE Healthcare），低温高速离心机（Eppendorf5430R），可见紫外分光光度计（尤尼柯 WFZ UV-2100），真空离心浓缩仪（EppendorfConcentrator plus），600V 电泳仪（GE Healthcare EPS601）。

3. 试验试剂

SDS（161-0302 Bio-Rad）、Urea（161-0731 Bio-rad）、Trisbase（161-0719 Bio-rad）、DTT（161-0404 Bio-rad）IAA（Bio-rad，163-2109）、KH_2PO_4（10017618 国药）、NH_4HCO_3（Sigma，A6141）；iTRAQ Reagent-8plex Multiplex Kit（AB SCIEX）、Acetonitrile，ACN（I592230123 Merck）；C18 Cartridge（66872-U sigma）；5×上样缓冲液；SDT 缓冲液；UA 缓冲液；溶解缓冲液（AB SCIEX）。

（二）试验方法

1. 样品制备

将皮肤样品用液氮研磨，加入 400μL STD buffer（4% SDS，1mM DTT，150mM Tris-HCl pH 值 8.0），匀浆混匀，沸水浴 5min。超声破碎（80w，超声 10s，间歇 15s，共 10 次），沸水浴 5min，离心取上清，BCA 法定量，取 20μg SDS PAGE 电泳检测。

2. SDS-PAGE 电泳

取滩羊、山羊、内蒙古苏尼特羊和新吉细毛羊皮肤蛋白质样品 20μg，按 5∶1（v/v）加入 5×上样缓冲液，沸水浴 5min，14 000g 10min 离心取上清，进行 12.5%

SDS-PAGE电泳。电泳条件：恒流14mA，电泳时间90min。考马斯亮蓝染色。

3. 胰蛋白酶酶解

将4种羊8份皮肤样品各取200μg，加入DTT至终浓度为100mM，沸水浴5min后将其静置冷却。加入200μL尿素裂解液（8mol·L^{-1} Urea，150mM Tris-HCl pH值8.0），混匀后倒入10kd超滤离心管中，离心后弃滤过液。超滤膜上加入100μL IAA溶液，振荡，避光静置30min，离心弃滤过液。加入100μL尿素裂解液，离心，重复2次。加入100μL Dissolution buffer，离心，重复2次。加入50μL胰蛋白酶溶液，37℃恒温箱放置16~18h。离心后获取肽段滤液，并进行OD280肽段定量。

4. iTRAQ标记

根据OD280肽段定量结果，分别取4种羊8份皮肤样品各约80μg，按照AB公司试剂盒：iTRAQ Reagent-8plex Multiplex Kit（AB SCIEX）说明书进行标记，将标记后的各组肽段混合。样品及标签对应见表7-7所示。

表7-7　样品标记

样品 Sample	T-1	T-2	N-1	N-2	S-1	S-2	X-1	X-2
标签 Label	113	114	115	116	117	118	119	121

5. 毛细管高效液相色谱分析

标记好的样品采用Easy nLC液相系统进行分离，首先C18反相色谱柱以95%的A液平衡，样品上样流速为300nL·min^{-1}，时长为240min。具体液相梯度如下：0min至220min，B液线性梯度从0~40%；220min至228min，B液线性梯度从40%到100%；228~240min，B液维持在100%。

6. 质谱分析

皮肤样品经液相色谱分离后用Q-Exactive质谱仪（Thermo Finnigan）进行分析。分析时长：240min；检测方式：正离子；母离子扫描范围：300~1 800m/z；一级质谱分辨率：70 000（离子质核比为200）；AGC自动增益控制：3×10^6；一级最大注入时间：10ms；扫描范围数量：1；动态排除时间：40s。碎片采集方法：每次全扫描（Full Scan）后采集10个碎片图谱（MS2 Scan），MS2 Activation Type：HCD；Isolation window：2m/z；二级质谱分辨率：17 500（离子质核比为200）；Microscans：1；二级最大注入时间：60ms；标准化撞击能量：30eV；Underfill ratio：0.1%。

7. 数据分析

用软件 Mascot2.2 和 Proteome Discoverer1.4（thermo）进行查库鉴定及定量分析。本次使用数据库：uniprot_ Ovis_ aries_ 26988_ 20150330.fasta 蛋白质库（收录序列 26 988 条，下载于 20150330）。查库使用 Mascot 软件版本为 Mascot2.2。查库时将 RAW 文件通过 Proteome Discoverer 提交至 Mascot 服务器，进行数据库搜索。相关参数如表7-8所示。

表7-8　Mascot 搜索参数

Item 项目	Value 值
Type of search 搜库类型	MS/MS Ion search
Enzyme 酶切方式	Trypsin
Mass Values 质量值	Monoisotopic
Max Missed Cleavages 最大漏切数	2
Fixed modifications 固定修饰	Carbamidomethyl（C），iTRAQ8plex（N-term），iTRAQ8plex（K）
Variable modifications 可变修饰	Oxidation（M）
Peptide Mass Tolerance 肽段质量误差	$\pm 20 \times 10^{-3}$ mL/L
Fragment Mass Tolerance 碎片质量误差	0.1Da
Protein Mass 蛋白质质量	Unrestricted
Database 数据库	uniprot_ Ovis_ aries_ 26988_ 20150330. fasta
Database pattern 数据库形式	decoy

结果过滤参数为：肽段 FDR（Peptide FDR）≤0.01。

8. 定量分析

采用 Proteome Discoverer3.4 软件对肽段报告离子峰强度值进行定量分析，分析参数见表7-9所示。

表7-9　Proteome Discoverer3.4 定量分析参数

Item 项目	Value 值
Protein Quantification 蛋白质质量	Use Only Unique Peptides 仅使用特异性肽段
Experimental Bias 实验偏差	Normalize On Protein Median 蛋白中值标准值

9. 生物信息学分析

对 4 种羊 8 份皮肤样品鉴定到的蛋白进行主成分分析（Principal Component Analysis, PCA）。对各比对组得到的差异蛋白应用 GO（Gene Ontology）数据库和 KEGG（Kyoto Encyclopedia of Genes and Genomes）Pathway 数据库进行 GO 注释和 KEGG 通路分析。将各比对组的差异蛋白与上述数据库蛋白序列比对，依据相似性原理，具有相似序列蛋白可能也具有相似的功能，将 BLAST 所得的同源蛋白的注释信息转嫁到 4 种羊皮肤的差异蛋白上，从而研究差异蛋白可能行使的主要生物学功能和参与的代谢或信号通路。

二、结果与分析

（一）SDS-PAGE 电泳

用 BCA 蛋白质定量法，对 4 种羊 8 个羊皮肤样品进行定量。样品上样量为 20μg 经 SDS-PAGE 电泳检测后，其蛋白质条带较为均一，平行度良好（图 7-7）。

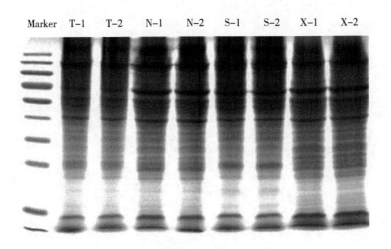

图 7-7　样品 SDS-PAGE 电泳图

（二）蛋白质鉴定结果及整体分布分析

利用 iTRAQ 技术对脱盐后的滩羊、中卫山羊、内蒙古苏尼特羊和新吉细毛羊的皮肤样品经质谱分析及 Mascot 查库。最终鉴定到肽段有 4 973个，鉴定到的蛋白质组有 1 161个。对鉴定到的 1 161个蛋白根据相对分子质量进行分析（图 7-8之 A），由图可知其大部分蛋白分子量在 20~80kDa 之间分布。根据所含

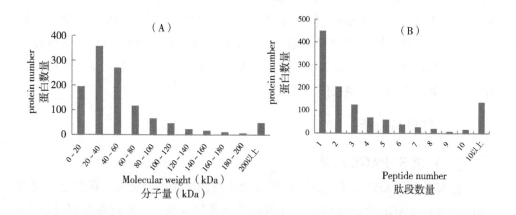

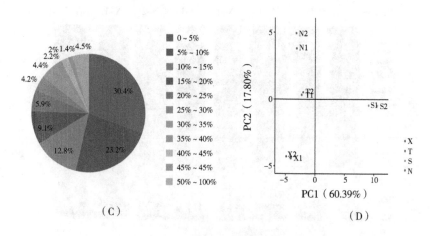

图 7-8 iTRAQ 鉴定蛋白的总概况

a. 鉴定蛋白的质量分布图　b. 蛋白所含肽段数量分布图　c. 肽段序列覆盖度图

d. 不同羊皮肤蛋白组的主成分分析（PCA）分析

肽段数量分析（图 7-8 之 B），结果表明所含的肽段数量主要在 5 个以内。肽段序列覆盖度如图 7-8 之 C 所示，由图可知在鉴定的 1 161 个蛋白中有 69.6% 有超过 5% 的肽段序列覆盖度，有 46.4% 的鉴定蛋白的肽段覆盖度超过 10%；对 4 种 8 份皮肤鉴定蛋白进行主成分分析，由图 7-8 之 D 可知同种羊皮肤鉴定蛋白有较好的重复性，不同种羊皮肤蛋白的主成分存在差异。

（三）各组显著性差异蛋白定量结果分析

以滩羊 T-1、T-2 的 113、114 两组通道平均值为内参，通过与各组蛋白质的内参进行比对。鉴定蛋白进行 T-Test 检验，进行显著性分析（P 值）。进行蛋白比较，当大于 1.3 或小于 0.77，且 $P < 0.05$ 时，视为差异蛋白。采用双尾、双样本等方差，并计算两组平均值的比值，各组比较的差异蛋白数量统计结果，其中大于 1.3 的作为上调的蛋白，小于 0.77 的作为下调的蛋白，统计差异蛋白数量（表 7-10）。

表 7-10　统计学差异蛋白（$P < 0.05$，比值 > 1.3 或 < 0.77）

比对 Comparison	差异蛋白数量 Different proteins number	上调蛋白数量 Up-regulated number	下调蛋白数量 Down-regulated number
N/T	30	15	15
S/T	112	66	46
X/T	107	33	74

对内蒙古苏尼特羊、中卫山羊和新吉细毛羊 3 种羊分别与滩羊皮肤样品比对得到的差异蛋白进行筛选，列出各比对组已鉴定出与皮肤毛囊发育及羊毛表型相关差异的蛋白，有角蛋白类、角蛋白相关蛋白以及毛透明蛋白。其中以 $P < 0.05$，比值 > 1.3 或 < 0.77 视为是显著差异蛋白，其中山羊与滩羊比对组中的蛋白最多，统计差异表达蛋白的结果如表 7-11 所示。

表 7-11 各比对组部分差异表达蛋白

登录号 Accession	蛋白名称 Protein name	分子量/ 等电点 MW/pI	覆盖率 Coverage	N/T	P 值 P value	S/T	P 值 P value	X/T	P 值 P value
W5QAA1	14-3-3 protein sigma	27.8/4.77	66.53	5.383	0.009	0.812	0.573	0.363	0.677
F5AY94	Keratin- associated protein 11-1	16.9/7.96	22.01	1.444	0.045	0.623	0.079	1.282	0.041
W5Q6A4	Keratin15	49.6/4.89	47.82	0.982	0.831	1.774	0.020	1.009	0.925
E3VW79	Keratin 34	46.6/5.02	59.46	1.113	0.076	0.755	0.009	1.104	0.022
P02446	Keratin- associated protein 3-1	10.4/6.96	12.24	1.039	0.111	0.742	0.004	1.151	0.005
E3VW85	Keratin 83	53.9/5.40	69.17	1.127	0.047	0.674	0.002	1.172	0.002
W5QIV5	Trichohyalin	189.0/5.86	42.77	1.109	0.385	0.650	0.048	1.088	0.348
W5Q0H4	Keratin25	49.4/5.03	50.44	1.148	0.059	0.637	0.011	1.405	0.055
E3VW87	Keratin86	53.2/5.57	65.02	1.218	0.062	0.633	0.023	1.000	0.995
P22793	Trichohyalin	201.1/5.74	39.90	1.115	0.003	0.579	0.001	1.179	0.036
B0LKP3	Keratin85	37.9/5.03	73.39	0.823	0.012	0.429	0.003	1.174	0.021
C0LJG3	Keratin associated protein 6	8.4/8.22	31.33	0.853	0.082	0.801	0.042	1.691	0.003
P02443	Keratin high- sulfur matrix Pro- tein	13.9/8.06	19.23	0.631	0.072	0.626	0.071	0.519	0.037

N/T、S/T 和 X/T 比对得到的差异蛋白分布如图 7-9 所示,其中内蒙古苏尼特羊和滩羊比对组与山羊和滩羊比对组有 11 个相同的差异蛋白;而与细毛羊和滩羊比对组也有 10 个相同的差异蛋白;山羊和滩羊比对组与新吉细毛羊和滩羊比对组有 39 个相同的差异蛋白。这 3 组共有的交集蛋白只有 4 个。

(四)生物信息学分析结果

1. 内蒙古苏尼特羊/滩羊

对内蒙古苏尼特羊与滩羊比对发现的 30 种差异蛋白进行 GO 分析,涉及的生物学过程主要有单有机体过程、定位、代谢过程、细胞过程、刺激应

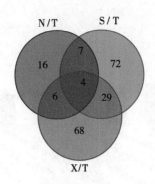

图 7-9　各比对组差异蛋白 Venn 图分析

答、生物调节、多细胞生物过程、发育过程、信号转导、生长、细胞杀伤、复合生物过程等 16 个。细胞组分主要集中于细胞、细胞器、大分子复合物、细胞连接、细胞外区域、膜封闭腔、膜等 11 个；分子功能主要涉及结合、蛋白结合转录因子活性、催化活性、酶活性调节、核酸结合转录因子活性这 5 个（图 7-10）。

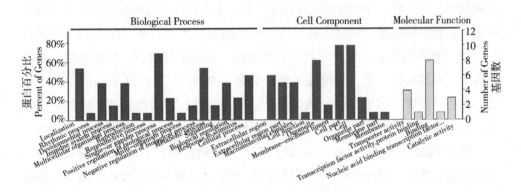

图 7-10　内蒙古苏尼特羊/滩羊差异蛋白 GO 注释

进行 Pathway 分析，共涉及 15 条通路，有 p53、PPAR、B 细胞受体信号传导途径、PI3K-Akt 信号传导途径、细胞周期、钙信号转导通路和代谢途径等信号通路。对各比对组的 KEGG 通路进行按 P 值进行富集分析，从左向右 P 值增大，两条线分别标示符合 0.01 和 0.05 的分类（图 7-11）。

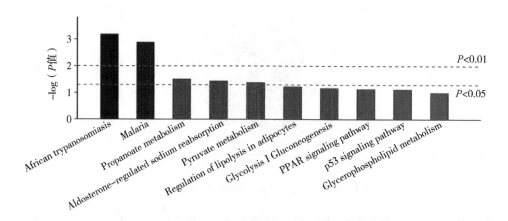

图 7-11　内蒙古苏尼特羊/滩羊差异蛋白 KEGG 富集分析

2. 中卫山羊/滩羊

对中卫山羊与滩羊比对的 112 种差异蛋白进行 GO 分析，生物学过程注释分析发现 20 种主要涉及单有机体过程、定位、代谢过程、细胞过程、刺激应答、生物调节、多细胞生物过程、发育过程、免疫系统过程、信号转导、生长、细胞杀伤、复合生物过程、细胞生物组件、生物附着、生育过程、生殖行为、运动等；17 种细胞组分主要集中于细胞、细胞器、大分子复合物、细胞连接、细胞外区域、膜封闭腔、膜、细胞外基质、突触、类核等；8 种分子功能主要有结合、蛋白结合转录因子活性、载体活性、催化活性、酶活性调节、结构分子活性、鸟嘌呤核苷酸转换因子活性、分子转导活性（图 7-12）。

进行 Pathway 分析，KEGG 共鉴定到 69 条代谢途径，主要有细胞凋亡途径、胰岛素信号通路、神经营养因子信号通路、TGF-β、NF-κB、HIF-1 等信号通路以及甘油脂和甘油磷脂等新陈代谢、遗传信息处理、环境信息处理、细胞进程与有机体系统有关（图 7-13）。

3. 新吉细毛羊/滩羊

对新吉细毛羊与滩羊比对的 107 种差异蛋白进行 GO 分析，按照生物学过程注释分析发现 20 种生物过程主要参与单有机体过程、定位、代谢过程、细胞过程、刺激应答、生物调节、多细胞生物过程、发育过程、免疫系统过程、信号转

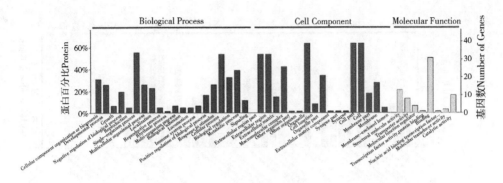

图 7-12　中卫山羊/滩羊差异蛋白 GO 注释

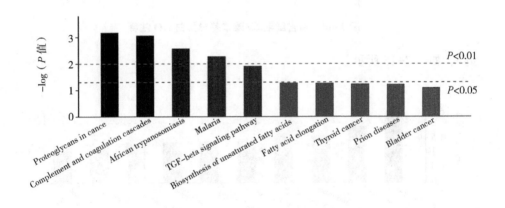

图 7-13　中卫山羊/滩羊差异蛋白 KEGG 富集分析

导、生长、细胞杀伤、复合生物过程、细胞生物组件、生物附着、生育过程、生殖、细胞聚集、运动等；13 种细胞组分主要集中于细胞、细胞器、大分子复合物、细胞连接、细胞外区域、膜封闭腔、膜、细胞外基质、突触等；8 种分子功能主要有结合、蛋白结合转录因子活性、催化活性、酶活性调节、核酸结合转录因子活性、结构分子活性、抗氧化活性、分子转导活性（图 7-14）。

进行 Pathway 分析，84 条通路有 VEGF、MAPK、PI3K-Akt、促性腺激素释放激素、雌激素、催乳素、催产素、甲状腺激素和黑色素等信号通路，还有一些与机体新陈代谢、遗传信息处理、环境信息处理、细胞进程和有机体系统有关的

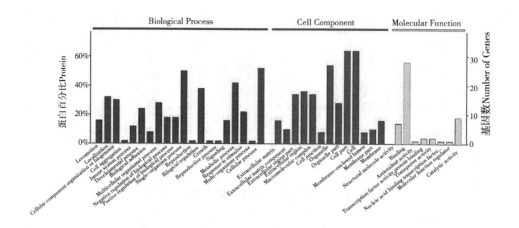

图 7-14　新吉细毛羊/滩羊差异蛋白 GO 注释

通路，如图 7-15 所示。

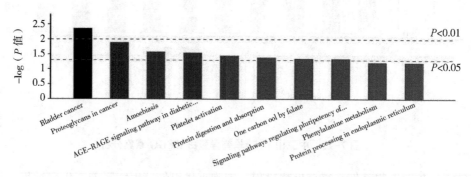

图 7-15　新吉细毛羊/滩羊差异蛋白 KEGG 富集分析

三、讨论

(一) 角蛋白

角蛋白是在皮肤毛囊中表达最丰富并且具有维持毛囊结构作用的蛋白质，是典型的角蛋白中间丝，是羊毛纤维的主要成分蛋白，是形成皮肤毛囊细胞的主要结构蛋白质。羊毛中的角蛋白种类较多，研究发现不同角蛋白在羊毛纤维的不同部位表达。角蛋白基因在绵羊皮肤不同结构中表达，从而改变着羊毛的纤维结构。K25 是属于 I 型角蛋白，表达于羊毛纤维的髓质和内根鞘中；K34 I 型角蛋白表达于上皮层；K83 属于 II 型角蛋白，表达于皮层中部。高丽霞等利用双向电泳技术研究发现，不同角蛋白在毛囊周期中呈现出不同的表达量，研究发现 K25 在毛囊发育兴盛期期间高表达，可能对毛囊的生长发育具有促进作用。K83 在毛囊休止期表达量高，可能与毛囊的休止有关。Kang X 等利用基因转录组学方法对滩羊毛股弯曲原因进行研究时发现，与毛发结构形成相关的 *KRT*25、*KRT*34、*KRT*83 基因，其涉及的信号通路参与羊毛生长发育和结构形成。Liu Y 等在对滩羊的研究中发现 K83 仅在滩羊皮肤组织中表达，*KRT*83 的 mRNA 水平是二毛期羔羊高于成年羊，发现其在羊的卷发表型中起到关键性作用。本研究中在中卫山羊与滩羊皮肤蛋白质进行比对时发现，K25、K34 和 K83 都属于下调蛋白。对这 3 种差异角蛋白进行信息学分析发现其涉及的细胞组分有细胞器、大分子复合物、胞外细胞器、细胞质和中间纤维等；分子功能有结构分子活性、蛋白结合；生物过程涉及毛囊形态和中间纤维组织发展过程、多细胞生物过程、细胞过程。滩羊毛股具有一定的弯曲和特定花穗形状，山羊毛股弯曲少，而角蛋白对羊毛的光泽度、弯曲度及细度具有一定的作用，推测 K25、K34 和 K83 可能与滩羊毛股弯曲和特定花穗形状的形成有关。

（二）KAP6

KAPs 是羊毛纤维的主要组成成分，其在羊毛纤维的主要结构和机械性能方面起着重要作用。KAPs 主要出现在皮质层，其中部分 *KRTAP* 基因表达是在中间丝蛋白合成之后的羊毛纤维合成过程中。KAPs 根据其半胱氨酸或者甘氨酸和酪氨酸残基的比例，将 KAPs 分为高硫蛋白（HS）、超高硫蛋白（UHS）和高甘氨酸-酪氨酸（HGT）3 种蛋白质。刘桂芬等在细毛羊羊毛细度的候选基因分析中发现，*KRTAPs* 中的高硫蛋白基因与羊毛细度有着极大的相关性。高建军等研究发现不同 *KRTAPs* 基因与羊毛绒品质有着一定的关联作用，KAP6 是高甘氨酸-酪氨酸蛋白家族之一。Cockett 等指出 *KRTAP*6 和羊毛直径之间存在关联。*KRTAP*6.1 表达在初级毛囊的部分或整个表皮层细胞中，而次级毛囊中其 mRNA 只表达于上皮层细胞的一侧。Zhou H 等在利用 PCR-SSCP 技术研究发现绵羊 *KRTAP*6.1 基因的变化会影响羊毛纤维直径相关特性，并在这个基因缺失 57bp 片段时会导致粗羊毛纤维直径相关特性具有更大变化。王杰等在利用 PCR-SSCP 方法对 *KRTAP*6.1 和 *KRTAP*6.2 基因位点与藏山羊产绒性状的关系研究中发现，*KRTAP*6.1 和 *KRTAP*6.2 基因在藏山羊的产绒量、绒长度和细度方面具有显著的相关性。同时，刘海英在对 *KRTAP*6.3 基因的研究中发现其对产绒量、绒长度、绒纤维细度也具有一定的关联性。Zhou H 等利用 PCR-SSCP 方法研究羊的 *KRTAP*6 基因家族，发现羊 *KRTAP*6 家族成员有 *KRTAP*6.1、*KRTAP*6.2、*KRTAP*6.3 *KRTAP*6.4 和 *KRTAP*6.5。在本试验中新吉细毛羊与滩羊比对中发现 KAP6 差异蛋白，属于上调蛋白，进行 GO 分析发现 KAP6 的细胞组分是中间纤维。KAP6 在新吉细毛羊皮肤中高表达，对羊毛纤维直径调控起到作用，发现 KAP6 在调控滩羊毛细度方面具有重要的作用。

（三）*KRTAP*11.1

KAP11.1 是高硫角蛋白相关蛋白家族的一员，Gong H 等研究发现 *KRTAP*11.1 基因的遗传变异可能影响其蛋白表达、蛋白质结构或翻译后修饰，从而影响羊毛纤维结构和羊毛性状。Jin M 等研究发现 *KRTAP*11.1 基因在羊皮肤毛囊周期中的表达量退行期高于生长期，然而在次级毛囊周期中，其表达量是生长期明显高于退行期，此外 *KRTAP*11.1 基因在内根鞘、毛发基质中有较高表达量，并发现 *KRTAP*11.1 基因可能在调节羊毛纤维直径方面起重要的调控作用。本次研究中在内蒙古苏尼特羊与滩羊皮肤比对差异蛋白质组发现 KAP11.1 属于上调蛋白，其在滩羊皮肤中相比较低表达，依据相关研究推测 KAP11.1 蛋白可能与滩羊羊毛纤维直径有关。

（四）毛透明蛋白

毛透明蛋白（TCHH）是表达并作用于毛囊内根鞘和髓质细胞中的结构蛋白，其含有大量的谷氨酸、精氨酸、谷氨酰胺和赖氨酸残基，与角蛋白中间纤丝相结合。Yu Z 等在初级毛囊的整个内毛根鞘以及前边缘皮层以上的髓质细胞检测到 *TCHH* 的 mRNA。Medland 等在对全球各地区人种的毛发差异基因进行研究，发现 *TCHH* 基因在对人毛发卷曲度方面起着决定性的作用。杨剑波等研究发现，*TCHH* 基因在中国美利奴超细型羊皮肤毛囊的内根鞘和髓质中特异性地高表达，推测 *TCHH* 的这种表达差异可能是造成不同绵羊品种羊毛弯曲度差异的重要原因。康晓龙在对滩羊皮肤进行了转录组测序分析时，发现 *TCHH* 是影响滩羊二毛弯曲的重要基因。本研究中 TCHH 是在中卫山羊与滩羊皮肤蛋白比对中出现的差异蛋白，在滩羊中高表达蛋白，TCHH 对羊毛弯曲起着决定性的作用。GO 分析发现毛透明蛋白可能参与的生物过程是角化作用，推测毛透明蛋白对滩羊毛股弯曲的形成具有重要的调控作用。

四、结论

通过 iTRAQ 技术获得滩羊与内蒙古苏尼特羊、中卫山羊和新吉细毛羊皮肤比对的差异表达蛋白，对差异蛋白进行分析：在内蒙古苏尼特羊与滩羊比对中发现 KAP11.1，推测 KAP11.1 在滩羊进化过程中与其二毛裘皮形成具有一定的关联；在山羊与滩羊比对中发现 K25、K34 和 K83，发现 K25、K34 和 K83 可能与滩羊毛股弯曲和特定花穗形状的形成有关，以及 TCHH 在滩羊毛股弯曲形成过程中的调控作用；在新吉细毛羊与滩羊比对中发现 KAP6，发现 KAP6 在调控滩羊羊毛细度方面具有重要作用。

第三节　滩羊二毛期不同花穗形裘皮差异蛋白研究

滩羊毛股花穗的形态及其优劣是评价二毛裘皮质量和经济性状的最重要指标。依据滩羊毛股花形结构的及毛形在毛股中的比例，以及毛股的粗细，将平波状花穗分为串子花形，软大花形和绿豆丝形 3 类，在串子花形花穗中无髓毛含量适中（50%左右），毛股粗细及其下部结构适中；软大花形花穗中无髓毛含量较多（60%以上），毛股下部显著增大，毛股粗细与串子花形相似；绿豆丝形花穗中无髓毛含量较少（30%~40%），长度较短，且毛股较细。本次试验运用 iTRAQ 和多 LC-MS/MS 技术通过对串子花形、软大花形、绿豆丝形和不规则形 4 种不同类型花穗裘皮蛋白的研究，从各比对组差异蛋白中找到造成不同花穗形的原因，为滩羊串子花形二毛裘皮选育研究提供理论基础。

一、材料与方法

(一) 试验材料

于宁夏盐池滩羊选育场采集滩羊二毛期 4 种不同毛股花穗形裘皮样品（图7-16），取体侧肩胛骨后缘处 1cm² 面的样品，每个品种羊采集 6 份样品，用生理盐水冲洗后将样品用干冰保存带回试验室，同一花穗形的样品随机混合为 2 个样品，于-80℃条件下保存备用，样品信息如表 7-12 所示。

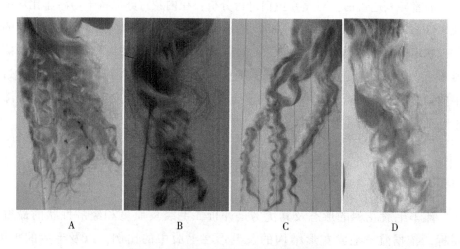

     A   B   C   D

图 7-16　滩羊二毛期不同毛股花穗形

A. 串子花　B. 软大花　C. 绿豆丝　D. 其他形态

表 7-12　样品信息

串子花形	软大花形	绿豆丝形	其他不规则形
A1	B1	C1	D1
A2	B2	C2	D2

所用仪器及药品与前文相同。

（二）试验方法

1. 样品制备

将滩羊二毛期 4 种不同毛股花穗形裘皮样品用液氮研磨成粉状，加入 600μL STD buffer（4% SDS，1mM DTT，150mM Tris-HCl pH 值 8.0），匀浆后沸水浴 5min，超声破碎处理（80W，5min，超声 8s，间隔 10s），沸水浴 5min，12 000g 离心 15min，取上清，BCA 法蛋白质定量，取 20μg 蛋白进行 SDS PAGE 电泳检测。SDS-PAGE 电泳和胰蛋白酶酶解条件同上章节。

2. iTRAQ 标记

根据 OD280 肽段定量结果，取 8 份裘皮蛋白样品各约 80μg，按照 AB 公司试剂盒 iTRAQ Reagent-8plex Multiplex Kit（AB SCIEX）进行标记，并将各组肽段混合，样品及标签对应如表 7-13 所示。

表 7-13　样品标记

样品 Sample	A1	A2	B1	B2	C1	C2	D1	D2
标签 Label	113	114	115	116	117	118	119	121

二、结果与分析

（一）SDS-PAGE 电泳

用 BCA 蛋白质定量法，对 4 种不同花穗形裘皮的 8 个样品进行定量，样品上样量为 20μg。经 SDS-PAGE 电泳分离后，蛋白质条带较为均一，平行度良好（图 7-17）。

（二）蛋白质鉴定结果及整体分布分析

利用 iTRAQ 技术 SCX 分级脱盐合并后的串子花形与软大花形、绿豆丝形和其他不规则形花穗形裘皮样品 8 个蛋白片段经质谱分析及 Mascot 查库，结果合并后以肽段 FDR≤0.01 筛选过滤，最终鉴定到肽段是 12 988，蛋白质组是 2 886。鉴定到的所有蛋内质依据其相对分子量、肽段数量和覆盖率所做的统计如图 7-18 所示，通过 iTRAQ 技术能鉴定不同大小的蛋白，大部分蛋白分子量在 20~

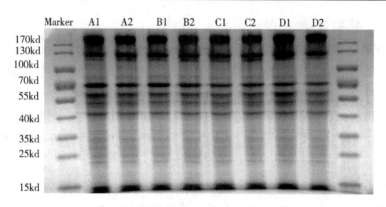

图 7-17 样品 SDS-PAGE 电泳图

80kD（图 7-18 之 A），其所含的肽段数量主要在 5 个以内（图 7-18 之 B），其蛋白覆盖率主要集中于 20% 以内（图 7-18 之 C）。

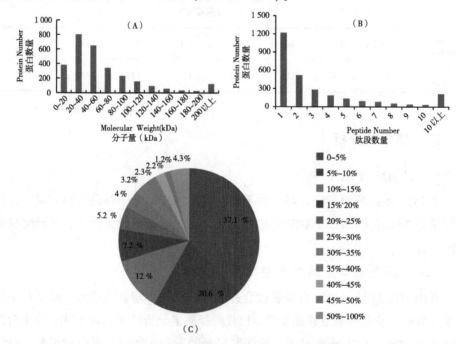

图 7-18 iTRAQ 鉴定蛋白的总概况

a. 鉴定蛋白的质量分布图　b. 蛋白所含肽段数量分布图　c. 肽段序列覆盖度图

（三）各组显著性差异蛋白定量结果分析

以滩羊串子花形裘皮 A1、A2 的 113、114 两组通道平均值为内参进行比较，对鉴定蛋白进行差异分析，其中以大于 1.3 倍的作为上调的蛋白，小于 0.77 的作为下调的蛋白，各组比较的差异蛋白数量统计结果及各组比较的差异蛋白中的上调和下调的蛋白数量如表 7-14 所示。

表 7-14　差异蛋白结果统计（比率>1.3 或<0.77，$P<0.05$）

比较 Comparison	差异蛋白数量 Different Proteins Number	上调蛋白数量 Up-Regulated Number	下调蛋白数量 Down-Regulated Number
B vs A	135	80	55
C vs A	142	69	73
D vs A	113	55	58

根据软大花形（B）、绿豆丝形（C）和其他形态（D）3 种类型裘皮分别与串子花形（A）比对筛选出的差异蛋白的数目，列出各比对组已鉴定出的显著差异蛋白，未列出的都是未命名蛋白，统计差异表达蛋白的结果如表 7-15 所示。

表 7-15　各比对组差异表达蛋白

登录号 Accession	蛋白名称 Protein name	分子量/ 等电点 MW/pI	覆盖率 Coverage	B/T	P 值 P value	C/A	P 值 P value	D/A	P 值 P value
K4P221	Annexin	22.69/4.91	52.00	1.33	0.002	1.06	0.580	1.048	0.577
C0LJF6	Keratin associated protein 6	7.36/8.47	36.62	0.949	0.533	0.718	0.001	0.984	0.856
P02441	Keratin high-sulfur matrix Protein 3	14.15/8.12	24.43	0.795	0.009	0.686	0.001	0.863	0.114
W5P7S6	Alpha - 1 - acid glycoprotein	23.24/5.31	24.75	2.956	0.001	1.167	0.112	2.244	0.001
W5QCD5	Histone-lysine N-methyltrans-ferase	573.49/5.62	0.64	1.907	0.001	1.554	0.001	2.171	0.001
W5NW15	Non - specific serine/threonine protein kinase	195.66/6.54	1.4	1.837	0.001	1.337	0.002	1.658	0.001

（续表）

登录号 Accession	蛋白名称 Protein name	分子量/ 等电点 MW/pI	覆盖率 Coverage	B/T	P 值 P value	C/A	P 值 P value	D/A	P 值 P value
P02075	Hemoglobin subunit beta	16.06/7.30	95.86	1.789	0.001	1.266	0.014	1.076	0.383
C8BKD0	Flap endonuclease 1	42.65/8.63	3.42	1.702	0.001	1.711	0.001	1.839	0.001
W5PGM6	Olfactory receptor	34.42/9.13	2.56	1.672	0.001	1.180	0.087	1.301	0.001
B7TJ15	Mitogen-activated protein kinase	41.27/5.78	6.39	1.586	0.001	1.183	0.082	1.208	0.023
W5PKK1	Interferon-induced GTP-binding protein Mx2	81.48/6.99	0.98	1.529	0.001	2.248	0.001	0.877	0.158
W5NY84	Elongation factor 1-alpha	49.94/9.11	22	1.502	0.001	0.865	0.171	0.902	0.264
W5P958	Isocitrate dehydrogenase［NAD］subunit	42.96/8.44	3.58	1.496	0.001	0.869	0.183	0.886	0.193
W5PSE4	Olfactory receptor	34.18/8.02	10.49	1.455	0.001	0.841	0.102		
C6ZP47	I alpha globin	15.17/8.68	69.01	1.351	0.002	1.638	0.001	1.012	0.893
W5NPT4	Sulfotransferase	35.48/6.71	2.3	1.340	0.002	1.067	0.507	0.940	0.500
C5ISB1	Replication protein A1	68.07/7.71	1.46	1.338	0.002	1.212	0.049	1.116	0.190
P14639	Serum albumin	69.14/6.15	74.79	1.335	0.003	1.103	0.312	0.875	0.150
W5PX87	Single-stranded DNA-binding protein	17.29/9.94	12.16	1.329	0.003	1.166	0.113	1.133	0.133
W5NQP5	Superoxide dismutase	26.44/6.79	13.11	1.325	0.003	0.944	0.582	1.005	0.962
A0A0F6V YA8	Epsilon II beta-globin	16.36/7.62	21.77	1.321	0.004	1.097	0.343	0.784	0.009
W5P368	Malic enzyme	65.41/7.65	3.08	1.320	0.004	1.172	0.101	1.122	0.167
W5PY53	Ferritin	17.00/5.94	15.28	1.306	0.005	1.255	0.019	1.085	0.327
Q9GKP4	Interferon stimulated gene 17	17.49/7.34	7.64	1.304	0.006	1.645	0.001	1.051	0.558

（续表）

登录号 Accession	蛋白名称 Protein name	分子量/ 等电点 MW/pI	覆盖率 Coverage	B/T	P值 P value	C/A	P值 P value	D/A	P值 P value
W5Q9U3	C-type natriuretic peptide	43.98/9.04	4.28	0.766	0.002	0.700	0.001	0.712	0.001
W5NQ81	Protein kinase C	72.02/6.10	2.22	0.735	0.001	0.870	0.188	0.962	0.671
D0ECT7	Thyrotropin-releasing hormonedegrading enzyme	12.22/9.77	11.11	0.709	0.001	1.474	0.001	0.429	0.001
W5PDJ6	Glutathione peroxidase	17.32/7.28	7.59	0.701	0.001	0.997	0.973	1.046	0.589
F1CGV2	Cytochrome P450 2A6	56.66/8.88	6.9	0.694	0.001	0.682	0.001	0.930	0.430
W5QE95	Protein argonaute	97.13/9.16	1.4	0.664	0.001	0.621	0.001	0.690	0.001
C5IJA3	RAP2A	20.62/4.82	14.75	0.648	0.001	0.672	0.001	0.734	0.001
B6E1W2	Cyclin-dependent kinase 5	33.27/7.66	5.48	0.647	0.001	1.368	0.002	0.585	0.001
P02083	Hemoglobin fetal subunit beta	15.92/7.12	94.48	0.612	0.001	1.374	0.001	0.558	0.001
W5PDT4	Polypeptide N-acetylgalact-os-aminyltransferase	61.75/6.87	1.12	0.598	0.001	0.613	0.001	0.661	0.001
W5PSQ0	Deoxyhypusine hydroxylase	30.93/5.15	3.53	0.356	0.001	0.841	0.102	0.829	0.044
Q1A2D1	Beta-K globin chain	16.12/7.30	94.48	1.225	0.034	3.406	0.001	0.984	0.859
W5PS98	Dimethylaniline monooxygenase	60.44/9.00	15.41	0.983	0.818	1.986	0.001	0.945	0.541
P02076	Hemoglobin subunit beta	16.10/8.69	75.17	1.252	0.019	1.466	0.001	1.048	0.578
B2MVX5	SLC25A20	32.93/9.39	20.6	0.942	0.481	1.400	0.001	1.141	0.113
E7ECV8	ADP-ribose pyrophosphatase	38.48/7.81	2.58	1.288	0.008	1.376	0.001	1.191	0.036
E5LCW5	Porphobilinogen deaminase	38.56/6.92	5.71	1.184	0.081	1.324	0.003	1.155	0.084
W5PAM4	Carboxypeptidase	55.97/6.70	3.39	1.094	0.362	1.322	0.003	1.065	0.452
A0A060 IFU3	MOGAT3-like protein variant	32.12/8.15	16.44	0.932	0.407	1.307	0.005	1.138	0.119

（续表）

登录号 Accession	蛋白名称 Protein name	分子量/ 等电点 MW/pI	覆盖率 Coverage	B/T	P 值 P value	C/A	P 值 P value	D/A	P 值 P value
R4I825	SETD7	28.95/4.73	6.9	0.933	0.416	0.756	0.008	1.009	0.922
W5QGI3	UBX domain-con-taining protein	54.87/5.16	3.89	0.804	0.013	0.720	0.002	0.763	0.003
X4ZFS1	Adiponectin	25.99/6.33	3.77	0.962	0.639	0.698	0.001	0.712	0.001
W5P4W0	Elongation factor Ts	36.62/7.20	5.03	1.160	0.125	1.075	0.458	1.571	0.001
W5PQJ8	Receptor protein tyrosine kinase	137.04/5.54	2.48	0.963	0.644	1.004	0.974	1.540	0.001
W5PIL6	Ubiquitin carboxyl-terminal hydrolase	37.51/5.50	5.17	0.911	0.280	1.267	0.015	1.422	0.001
W5NR21	Protein S100	11.97/5.27	8.41	1.025	0.821	0.966	0.738	1.414	0.001
W5Q0C3	Kinesin-like pro-tein	185.78/5.35	0.71	0.942	0.481	0.913	0.387	1.338	0.001
A1XI85	Glucose-6-phos-phate 1-dehydrogenase	59.66/6.39	18.83	1.193	0.068	1.202	0.057	1.319	0.001
R9TH90	MBLA protein	16.36/9.58	10	1.204	0.054	1.124	0.228	1.309	0.001
C7BDV8	CETN2	19.80/5.00	7.56	1.114	0.268	1.292	0.008	1.301	0.002
B0FJL8	Perilipin	55.21/6.55	8.72	1.138	0.181	0.860	0.155	0.766	0.004
W5P8G7	Olfactory receptor	36.00/8.91	6.88	0.935	0.429	0.922	0.438	0.762	0.004
W5P700	Kinesin-like protein	189.81/6.07	1.01	0.871	0.114	0.859	0.151	0.751	0.002

对 B 和 A、C 和 A、D 和 A 3 组比对得到的差异蛋进行分析，在 B 和 A 与 C 和 A 2 个比对组中有 56 个相同的差异蛋白，其中 21 个是上调蛋白，35 个是下调蛋白；B 和 A 与 D 和 A 比对组有 46 个相同差异蛋白，其中 19 个是上调蛋白，27 个是下调蛋白；D 和 A 与 C 和 A 比对组有 59 个相同的差异蛋白，其中 22 个上调蛋白，37 个是下调蛋白。这 3 组共有的交集差异蛋白只有 36 个，其中 23 个是下调蛋白，13 个是上调蛋白。每个比对组的交集差异蛋白，除数据库未命名蛋白外，主要是蛋白酶类，如细胞周期蛋白依赖性激酶 5、促甲状腺激素释放激素降

解酶、非特异性丝氨酸/苏氨酸蛋白激酶等（图 7-19）。

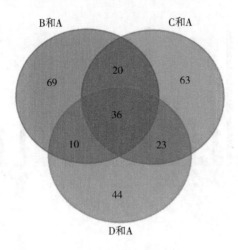

图 7-19 各比对组差异蛋白 Venn 图分析

（四）生物信息学分析结果

1. GO 分析

对 B 和 A、C 和 A、D 和 A 3 组比对得到的差异蛋进行 GO 分析，在 B 和 A 比对得到的差异蛋白共涉及 22 种生物学过程、16 种细胞组分和 11 种分子功能（图 7-20 之 A）。C 和 A 比对中涉及 22 种生物学过程、15 种细胞组分和 12 种分子功能（图 7-20 之 B）。D 和 A 组比对中涉及 22 种生物学过程、11 种细胞组分和 7 种分子功能（图 7-20 之 C）。3 组比对差异蛋白主要涉及免疫系统过程、生长、生物调节、细胞过程、代谢过程、生物附着、生殖等生物过程；涉及的细胞组分有细胞、细胞器、大分子复合物、膜、细胞连接、突触、细胞外基质等；而涉及的分子功能有催化活性、抗氧化活性、转运蛋白活性、分子功能调节剂、结构分子活性、结合、分子转导活性等。

2. KEGG 分析

对 B 和 A、C 和 A、D 和 A 3 组比对得到的差异蛋进行 KEGG 分析，对各比对组的 KEGG 通路进行按 P 值进行富集分析，从左向右 P 值增大，两条线分别标示符合 0.01 和 0.05 的分类。在 B 和 A 比对得到的差异蛋白共涉及 14 条通路，

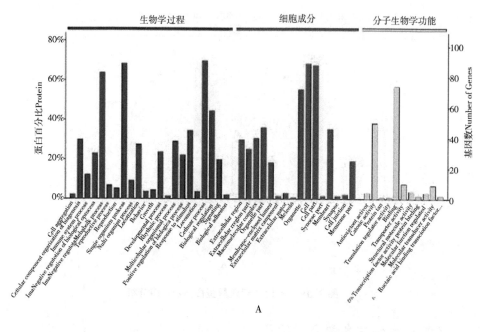

A

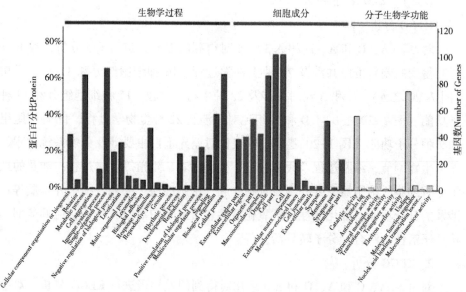

B

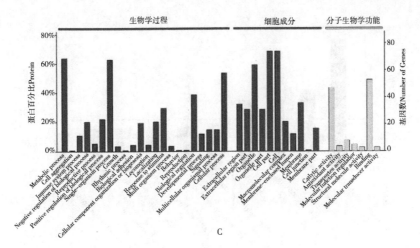

图 7-20　差异蛋白 GO 注释

A. 软大花形与串子花形比对　B. 绿豆丝形与串子花形比对

C. 其他不规则形与串子花形比对

有 VEGF 信号通路、NOD 样受体信号通路、FcεRI 信号通路、碳代谢、丙酮酸代谢、花生四烯酸代谢等（图 7-21 之 A）。在 C 和 A 比对中得到的差异蛋白共涉

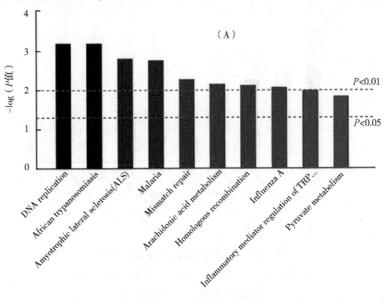

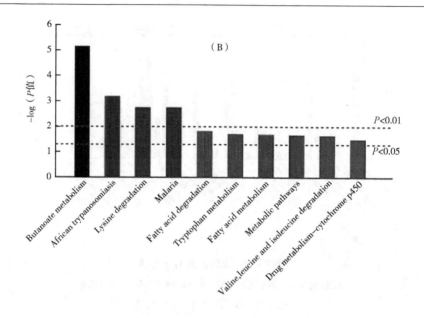

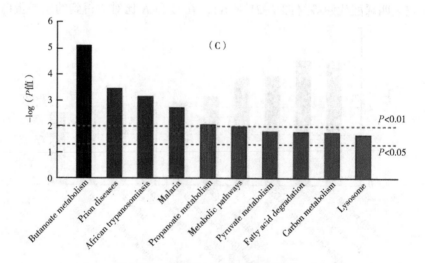

图 7-21　差异蛋白 KEGG 富集分析

A. 软大花形与串子花形比对　　B. 绿豆丝形与串子花形比对

C. 其他不规则形与串子花形比对

及 13 条通路，如细胞色素 P450 的异生物的代谢、维生素 B₆ 代谢、亮氨酸和异亮氨酸降解、赖氨酸降解、色氨酸代谢、脂肪酸代谢、脂肪酸降解、丁酸代谢等（图 7-21 之 B）。在 D 和 A 比对中得到的差异蛋白共涉及 21 条通路，有氨基酸代谢途径如缬氨酸、亮氨酸和异亮氨酸降解、赖氨酸降解、色氨酸代谢，还有就是脂肪酸代谢、脂肪酸降解、芳香化合物的降解、丙酸酯代谢等（图 7-21 之 C）。

三、讨论

将质谱检测到的 4 种花穗形裘皮样品蛋白进行 uniprot_ Ovis_ aries 数据库检索，对鉴定蛋白进行差异分析，差异分析得到十分可观的差异蛋白数量，但由于该数据库不够完善，结果出现各比对组中发现大量未命名蛋白。本次试验运用 iTRAQ 技术对串子花形、软大花形、绿豆丝形和不规则形 4 种不同类型花穗裘皮差异表达蛋白进行研究，从蛋白水平上解释造成不同花穗形的原因，从已命名的差异蛋白中我们发现下列几种蛋白可能与串子花形裘皮的形成相关。

（一）KAP3

角蛋白相关蛋白（KAPs）是羊毛纤维的主要组成成分，其在羊毛纤维的主要结构和机械性能方面起着重要作用。刘桂芬等研究发现，KAPs 基因与羊毛细度有着极大的相关性。高建军等研究发现，不同 *KRTAPs* 基因与羊毛绒品质有着一定的关联作用。KAP3 是高硫角蛋白关联蛋白家族的一种，其中还包括 KAP1 和 KAP2 种蛋白。王志有等研究发现 KAP3.2 基因与绵羊羊毛长度和产毛量性状存在相关性。杨珂伟等通过 RT-PCR 技术对藏绵羊进行研究发现 *KRTAP3.2* 基因在羊皮肤中表达量最高，说明该基因的表达具有组织特异性，并与羊毛产量和毛长性状具有一定的关联。刘春洁等研究发现，*KRTAP3.2* 基因在超细型细毛羊皮肤组织中高表达，发现 *KRTAP3.3* 在羊毛毛纤维皮质层表达。Zhao Z 等研究发现 *KRTAP3.3* 基因以组织特异性方式在羊皮肤毛囊中高度表达，试验中 *KRTAP3* 是在滩羊绿豆丝形与串子花形裘皮蛋白比对中发现的差异蛋白，属于下调蛋白，*KRTAP3* 在串子花形裘皮中高表达，串子花形花穗中无髓毛含量适中，毛股粗细及其下部结构适中，而绿豆丝形花穗中无髓毛含量较少，长度较短，且毛股较细。KAP3可能与滩羊串子花形毛股结构相关。

（二）KAP 6

KAP6是属于高甘氨酸-酪氨酸角蛋白相关蛋白家族中的一员，其中还有KAP7和KAP8两种蛋白，研究发现不同 *KRTAPs* 基因与羊毛绒品质有着一定的关联作用。Cockett等研究发现，*KRTAP6* 和羊毛直径之间存在关联。Zhou H等研究发现，绵羊 *KRTAP6.1* 基因的变化会影响羊毛纤维直径相关特性。王杰等研究发现，*KRTAP6.1* 和 *KRTAP6.2* 基因在藏山羊的产绒量、绒长度和细度方面具有显著的相关性。刘海英研究发现，*KRTAP6.3* 基因对产绒量、绒长度、绒纤维细度也具有一定的关联性。在新吉细毛羊与滩羊比对中发现 *KRTAP6* 差异蛋白，*KRTAP6* 在新吉细毛羊皮肤中高表达，在细羊毛纤维直径调控中起到关键作用，验证了 *KRTAP6* 在调控羊毛细度方面的重要性。同样在滩羊绿豆丝形与串子花形裘皮蛋白比对中也发现了KAP6差异蛋白，属于下调蛋白，相比绿豆丝形裘皮，KAP6在串子花形裘皮中高表达，从KAP6在滩羊裘皮中的表达量可见，其在滩羊串子花形裘皮形成起到重要作用。

（三）膜联蛋白

相比较血管内皮生长因子，我们在软大花形与串子花形比对中还发现了膜联蛋白。膜联蛋白是分布于动物组织细胞中依赖钙离子的一类磷脂结合蛋白，其有利于血管再生和细胞迁移。前面的研究发现，膜联蛋白A2在滩羊二毛期具有较高的表达量，推测膜联蛋白A2可能与滩羊二毛期皮肤血管形成有关。试验结果显示膜联蛋白属于上调蛋白，相比较而言其在软大花裘皮中高表达。生物信息分析发现，其涉及的生物过程有营养水平、代谢过程、对细胞外刺激和调节生物过程等，涉及的细胞组分有细胞、细胞器、质膜部分、细胞外区部分等，涉及的分子功能主要有钙依赖性磷脂结合、阴阳离子结合。膜联蛋白与血管内皮生长因子在软大花形裘皮中高表达，可能与软大花形毛股形成相关。

（四）血管内皮生长因子（VEGF）信号通路

血管内皮生长因子（Vascular Endothelial Growth Factor，VEGF）家族是一类多功能的细胞因子，是由二硫键连接的二聚体糖蛋白，包括 VEGF-A、VEGF-B、VEGF-C、VEGF-D、VEGF-E、VEGF-F 和 PLGF（胎盘生长因子）7个成员。

VEGF 是主要的血管生成因子，具有促进血管细胞分裂与增殖，增加血管的通透性，诱导血管生成相关蛋白酶的表达，诱导血管生长和形成，同时在血管创伤愈合、肿瘤生长和转移过程中起到非常重要的作用。VEGF 信号通路是调节胚胎血管发育的主要信号通路，对血管发育的启动至关重要。VEGF 信号与其相对应的特异性受体结合后，启动下游的相关通路，同时刺激对应的内皮细胞增殖，并诱导细胞迁移，促进新血管的生成。VEGF 在皮肤毛囊发育过程中是一个重要的多功能信号分子，尤其是在毛囊周期性变化中起着十分重要的作用，有促进毛囊周围血管新生和毛囊细胞的增殖与分裂的作用。Araujo 等研究发现，VEGF 可以促进毛囊发育，并影响毛囊直径。谷博等研究发现，VEGF 可以通过直接作用于毛囊以及通过增加微血管密度促进羊皮肤毛囊的发育。Bruno 等发现，VEGF 具有保持毛囊超微结构完整性功能，从而促进毛囊生长发育的作用。在试验中对软大花形与串子花形 2 种不同毛股形滩羊比对的差异蛋白中进行 KEGG 通路分析，发现其涉及 VEGF 信号通路，发现相比串子花形，VEGF 信号通路中涉及的差异蛋白在软大花形裘皮中高表达。由于串子花形花穗中无髓毛含量适中，毛股粗细及其下部结构适中，而软大花形花穗中无髓毛含量高，毛股较粗。推测 VEGF 在滩羊二毛期花穗形成过程中的高表达有利于形成无髓毛含量多并且下部显著增大的软大花形毛股。

四、结论

利用 iTRAQ 技术获得软大花形、绿豆丝形和其他不规则形花穗分别与串子花形花穗比对的差异表达蛋白进行分析，在软大花形与串子花形裘皮蛋白比对中发现膜联蛋白和 VEGF 信号通路，膜联蛋白可能与软大花形毛股形成相关，推测 VEGF 信号通路在滩羊二毛期花穗形成过程中有利于形成无髓毛含量多并且下部显著增大的软大花形毛股。而在绿豆丝形花穗与串子花形花穗比对中得到 KAP3 和 KAP6 两种角蛋白相关蛋白，其中 KAP3 可能与滩羊串子花形毛股结构相关。从 *KRTAP6* 在滩羊裘皮中的表达量可见，其在滩羊串子花形裘皮形成中起到重要作用。

第四节　串子花形滩羊初生期与二毛期皮肤差异蛋白研究

一、引言

滩羊是我国独有的一种绵羊品种，因为其作为中国唯一生产二毛裘皮的羊品种，成为世界上稀有的裘皮羊种，其二毛裘皮具有极高的经济价值。二毛期滩羊毛股长 7~8cm，每股有 6~9 个弯曲，凭借弯曲、弧度均匀和图案清晰的毛股，从而使滩羊二毛裘皮以轻、暖、花穗美丽而著称于世。

根据滩羊二毛裘皮的花形可以将花穗分为平波形和不规则形。其中平波形花穗的弯曲程度、排列方向较为一致、不杂乱；不规则形花穗包括不属于平波形的所有花穗。根据滩羊花穗毛形的比例以及其毛股的粗细将其花穗分为串子花形、软大花形、绿豆丝花型三大类。其中串子花形特点为绒毛含量适中（50%），长度亦适中，毛股下部无明显增大或稍有增大现象，其主要分布在贺兰山地区。

滩羊裘皮洁白晶莹，弯曲如波浪状，又有"九道弯"的美称。不同时期滩羊裘皮特征不尽相同，其中初生期与二毛期羊毛有较大的区别。初生时毛弯曲而短，此时绒毛还没有长出皮肤，且全是两形毛；而在二毛期，两形毛毛长约 7cm，毛囊末梢有弧形的弯曲，毛股有 5 个以上弯曲，二毛时期绒毛长出皮肤，而接近皮肤部分的两形毛已经变得没有弯曲。

国内外目前对羊皮肤蛋白组学的研究主要集中在绒山羊、细毛羊和超细毛羊方面，在滩羊皮肤蛋白组学方面前期主要集中在二毛期不同花穗裘皮形成的机制方面，而在二毛期时滩羊串子花形裘皮弯曲的原因方面却是鲜有研究。本试验以二毛期时滩羊串子花形裘皮为研究对象，应用 iTRAQ 技术研究滩羊串子花形裘皮初生期和二毛期差异表达蛋白，以期从蛋白质层面发现二毛期时滩羊串子花形裘皮弯曲形成的原因，为选育优良的滩羊串子花形二毛裘皮提供研究基础。

二、材料与方法

(一) 试验材料

1. 试验仪器

AKTA Purifier 100 纯化仪 (购于 GE Healthcare 公司), Q-Eactive 质谱仪, 液相色谱仪 (Easy nLC1000, 购于 Thermo Finnigan 公司), Eppendorf5430R 低温离心机, Eppendorf Concentrator plus 离心浓缩仪, 可见紫外分光光度计 (UV-2100 型)。

2. 试验试剂

尿素、SDS、DTT、IAA、C18 Cartridge、$KH2PO4$、Tris 碱、$NH_4 HCO_3$、iTRAQ 标记试剂盒与 Dissolution buffer 由 AB SCIEX 公司提供, KCL、CAN、SDT buffer, 5×上样缓冲液, UA buffer。

(二) 试验方法

1. 蛋白质样品制备

将皮肤样品分别置于研钵中, 加入液氮研磨成粉末状, 加入 STD 缓冲溶液 (4%, w/v) SDS, 150mmol/L Tris-HCl, 1mmol/L DTT, pH 值为 8.0) 600μL, 浆液搅拌均匀之后沸水浴 15min, 利用超声波进行破碎 (80w, 8s/次, 每次间隔 10s, 持续 5min), 之后放置于沸水浴 5min, 离心 15min (12 000g), 取上层清液, 利用 BCA 法蛋白质定量。

2. 胰蛋白酶酶解

取初生期与二毛期的皮肤样品 8 份各 200μg, 加入 DTT 溶液到浓度为 100mmol/L 为止, 置于沸水浴 5min 后, 在室温下冷却, 随后加入尿素冷却液 (150mmol/L Tris-HCl, 8mol/L 尿素) 200μL, 充分混匀后移动至 10ku 超滤离心管中, 离心并丢弃过滤后的溶液。之后在超滤膜上加 100μL IAA 溶液, 振荡均匀后在避光的条件下放置 30min, 离心并丢弃滤过液。加入尿素裂解液 100μL 后离心, 该步骤重复 2 次。加入 Dissolution Buffer 溶液 100μL 后离心, 该步骤重复 2 次。最后加入胰蛋白酶溶液, 置于 37℃恒温箱 16~18h。离心后, 取肽段滤液测定 OD280 值。

3. iTRAQ 标记

参照 OD280 肽段定量结果, 分别取约 100μg 初生期和二毛期 2 个时期的肽段，共 8 份，参照 iTRAQ 标记试剂盒说明书进行标记，将羊毛样品 C-1、C-2、C-3、C-4、E-1、E-2、E-3 和 E-4 分别标记为标签 113、114、115、116、117、118、119 和 121，其中 C-1、C-2、C-3、C-4 为初生期串子花形裘皮；E-1、E-2、E-3、E-4 为二毛期串子花形裘皮。

4. 毛细管高效液色谱分析

标记好的样品采用纳声流速的 HPLC 液相系统 Easy nLC 进行分离。首先，色谱柱以 95% 的 A 液（0.1% 甲酸水溶液）平衡，样品上样到上样柱，经过分析柱分离后流速为 300nL/min。具体液相梯度为 0~25min，B 液相梯度 0~45%；25~47min，B 液相梯度 45%~100%；47~52min、52~60minB 液相维持在 100%，60min 后 B 液重置为 0%。

5. 质谱鉴定

将滩羊样品经过色谱分离，并使用 Q-Exactive 质谱仪进行质谱分析。分析时间为 4 h，正离子检测模式，一级质谱分辨率为 70 000，最大的 IT 为 50ms，AGC target 为 $3e^6$，动态排出时间为 60s。按照如下方法采集多肽和多肽碎片的质量电荷：每次全扫描后采集 20 个碎片图谱，Isolation window 为 2m/z，二级质谱分辨率为 17 500，图谱激活类型为 HCD，Underfill 为 0.1%，碰撞能量为 30ev。

6. 质谱数据分析

质谱分析产生的数据用 Proteome Discoverer 1.4（thermo）和 Mascot 2.2 软件进行查库鉴定及定量分析。以 FDR≤0.01 为筛选标准，肽段报告离子峰强度采用 thermo 软件进行分析。

7. 差异蛋白分析

以滩羊样品 C-1、C-2 的 113、114 通道的 2 组平均值为参数，各组通道标签与 iTRAQ 的标记的比值为 iTRAQ 比值。将鉴定出的蛋白质用 t 检验进行差异显著性分析进而确定出差异蛋白。对筛选出的差异蛋白进行分析，当差异蛋白质丰度比（差异倍数）≥1.2 倍或<0.83 且 $P<0.05$ 时，则将该蛋白认定为不同样品之间的差异蛋白质。

8. 生物信息学分析

对鉴定得到的差异蛋白质与 GO 数据库以及 KEGG Pathway 数据库进行比对，

并且对其进行 KEGG 分析和 GO 注释。用 Fisher 检验，对比每个 GO 分类以及 KEGG 通路在目标蛋白质集合和总体蛋白质集合中的分布，对目标蛋白集合进行 GO 注释或 KEGG 通路的富集分析，依据相似性原理，即序列相同的蛋白质其功能亦相似，最终将 BLAST 所得的具有同源性的蛋白质的注释信息转移到各自滩羊皮肤样品的差异蛋白质上，来研究初生期与二毛期不同皮肤样品中的差异蛋白所具有的生物作用及可能参与的生物代谢通路。

三、结果与分析

（一）蛋白质鉴定及其分布

利用 iTRAQ 技术对滩羊初生期与二毛期串子花裘皮样品进行质谱分析后得到 8 组肽，所得 MS 图谱数据经 MASCOT 查库分析，最终有 14 749 个肽段被鉴定出，鉴定到 2 599 个蛋白质组。对得到的 2 599 个蛋白质组进行蛋白质分子质量分布统计，发现其中大部分蛋白质分子量在 10~90kDa。对得到的蛋白质进行肽段数量分布、肽段序列长度以及肽段序列覆盖度分析可以得出，1~7 个之间的肽段的蛋白质数量居多，肽段中所含氨基酸个数以 5~15 为主，蛋白质覆盖率主要集中在 0~30%。

（二）各组显著性差异蛋白定量分析

用滩羊皮肤二毛期（E-）与初生期（C-）的皮肤蛋白比对进行差异蛋白分析，我们定义符合比值>1.2 且 $P<0.05$ 的蛋白为上调差异表达蛋白质，符合比值<0.83 且 $P<0.05$ 的蛋白为下调差异表达蛋白质，得到以下结论：与初生期相比，二毛期上调蛋白为 122 个，下调蛋白为 65 个，差异蛋白共 187 个（表 7-16）。

表 7-16　比对组部分差异表达蛋白

登录号 Accession	蛋白名称 Protein name	分子量/等电点 MW/pI	覆盖率 Coverage	E-X/C-X	P 值 P value
W5PGM1	琥珀酰-CoA：3-酮酸-辅酶 A 转移酶 Succinyl-CoA：3-ketoacid-co- enzyme A transferase	56.35/8.34	18.08	3.327	0.005

（续表）

登录号 Accession	蛋白名称 Protein name	分子量/等电点 MW/pI	覆盖率 Coverage	E-X/C-X	P 值 P value
W5Q0Z6	黑色素瘤细胞黏附分子 Melanoma cell adhesion molecule	68.09/6.21	7.48	2.587	0.027
W5NWG4	维甲酸 X 受体 α Retinoid X receptor alpha	44.66/7.69	5.19	2.387	0.013
W5P2U9	富含 59 个重复序列的亮氨酸 Leucine rich repeat containing 59	37.33/9.57	14.55	2.371	0.000
W5P895	细胞维甲酸结合蛋白 2 Cellular retinoic acid binding protein 2	15.71/5.40	56.52	2.329	0.043
W5PLS7	生长因子受体结合蛋白 2 Growth factor receptor bound protein 2	25.17/6.73	8.29	2.323	0.033
W5Q282	蛋白质二硫键异构酶家族 A 成员 6 Protein disulfide isomerase family A member 6	48.13/5.05	27.95	2.001	0.008
W5NX51	载脂蛋白 A1 Apolipoprotein A1	29.51/6.20	57.14	1.949	0.003
W5PCK4	异质核核糖核蛋白 R Heterogeneous nuclear ribonucleoprotein R	70.86/7.91	15.96	1.904	0.037
W5P4I5	异质核核糖核蛋白 H3 Heterogeneous nuclear ribonucleoprotein H3	36.91/6.70	20.23	1.873	0.000
W5PZM3	泛素偶联酶 E2I Ubiquitin conjugating enzyme E2 I	20.46/8.68	16.76	1.841	0.000
W5PXA7	胶原蛋白 V 型 α3 链 Collagen type V alpha 3 chain	171.47/6.56	1.32	1.811	0.005
W5PTZ9	组蛋白 H3 Histone H3	15.38/11.27	26.47	1.740	0.046
W5NXW9	免疫球蛋白重常数 Immunoglobulin heavy constant mu	49.87/5.68	11.84	1.724	0.006
W5QIU5	神经胶质成熟因子 β Glia maturation factor beta	16.70/5.29	14.08	1.721	0.005

（续表）

登录号 Accession	蛋白名称 Protein name	分子量/等电点 MW/pI	覆盖率 Coverage	E-X/C-X	P值 P value
W5PDN2	富含酸性富亮氨酸核磷蛋白 32 家族成员 B Acidic leucine – rich nuclear phosphoprotein 32 family member B	28.90/4.16	28.63	1.700	0.014
W5Q5H8	纤维蛋白原 α 链 Fibrinogen alpha chain	89.22/6.27	33.00	1.632	0.015
W5QGQ8	琥珀酸盐——CoA 连接酶［ADP/ GDP 形成］α 亚基，线粒体 Succinate—CoA ligase ［ADP/ GDP – forming］ subunit alpha, mitochondrial	36.77/8.94	15.71	1.596	0.021
W5Q711	Pumilio RNA 结合家族成员 2 Pumilio RNA binding family member 2	114.27/7.01	0.75	1.594	0.044
W5PI38	柠檬酸合成酶 Citrate synthase	51.08/7.59	18.44	1.588	0.000
P12303	甲状腺素运载蛋白 Transthyretin	15.76/5.86	20.41	1.574	0.042
W5NWX6	载脂蛋白 C3 Apolipoprotein C3	12.18/6.06	36.36	1.556	0.005
W5PG75	丙酮酸羧化酶 Pyruvate carboxylase	125.60/7.09	1.91	1.544	0.040
W5PHG7	动力蛋白激活蛋白亚基 3 Dynactin subunit 3	21.63/5.66	9.95	1.539	0.044
W5PUJ5	溶酶体相关膜蛋白 2 Lysosomal associated membrane protein 2	44.58/6.23	4.16	1.527	0.000
W5PJ97	载脂蛋白 A2 Apolipoprotein A2	11.30/8.10	34.31	1.522	0.026
Q30B84	核糖体蛋白 L17（片段） Ribosomal protein L17 （Fragment）	18.67/10.13	35.63	1.516	0.017
W5PMH0	蛋白脂蛋白 2 Proteolipid protein 2	16.11/8.27	8.9	1.514	0.016
W5PHN9	F11 受体 F11 receptor	32.41/7.97	5.7	1.505	0.019

（续表）

登录号 Accession	蛋白名称 Protein name	分子量/等电点 MW/pI	覆盖率 Coverage	E-X/C-X	P 值 P value
W5NYE0	v 型质子 ATP 酶亚基 V-type proton ATPase subunit	39.45/5.05	7.56	1.501	0.038
W5PPY5	CD2 相关蛋白 CD2 associated protein	71.31/61.64	7.99	1.499	0.000
W5P6F4	补充性 C5 Complement C5	188.81/6.65	2.74	1.496	0.027
W5NQ85	胰岛素降解酶 Insulin degrading enzyme	65.06/7.72	8.59	1.479	0.000
W5PNV2	丝氨酸/苏氨酸蛋白磷酸酶 Serine/threonine - protein phosphatase	37.49/6.33	17.58	1.469	0.017
W5Q5A6	纤维蛋白原 γ 链 Fibrinogen gamma chain	49.24/6.13	34.33	1.465	0.035
W5QA61	羧酸酯水解酶 Carboxylic ester hydrolase	62.40/6.54	11.84	1.463	0.003
W5Q334	热休克蛋白家族 A（Hsp70）成员 4 Heat shock protein family A（Hsp70）member 4	115.33/65.40	6.46	1.462	0.024
W5NQM8	皮层蛋白 Cortactin	53.09/5.44	18.78	1.453	0.000
W5Q3Z	Poly（U）结合剪接因子 60 Poly（U）binding splicing factor 60	55.93/9.27	12.74	1.441	0.042
W5PHQ0	髓过氧化物酶 Myeloperoxidase	84.33/9.69	1.61	1.441	0.011
W5QA37	羧酸酯水解酶 Carboxylic ester hydrolase	62.13/5.99	29.03	1.436	0.007
W5PQL0	UDP-葡萄糖-6-脱氢酶 UDP-glucose 6-dehydrogenase	55.07/7.58	9.51	1.436	0.000
W5PQB6	酰基辅酶 A 合成酶长链家族员 5 Acyl-CoA synthetase long chain family member 5	75.86/7.39	18.71	1.429	0.000
W5NQ46	纤维蛋白 β 链 Fibrinogen beta chain	56.60/7.72	46.76	1.409	0.018
W5P6X5	磷蛋白 Stathmin	17.29/5.97	41.61	1.410	0.000

（续表）

登录号 Accession	蛋白名称 Protein name	分子量/等电点 MW/pI	覆盖率 Coverage	E-X/C-X	P值 P value
W5Q1W7	Palladin，细胞骨架相关蛋白 Palladin, cytoskeletal associated protein	124.14/7.02	3.92	1.396	0.000
W5QHB9	微粒体谷胱甘肽 S-转移酶 1 Microsomal glutathione S-transferase 1	17.62/9.74	12.9	1.367	0.001
W5Q5C8	O-酰基转移酶 O-acyltransferase	64.93/8.48	3.27	1.366	0.009
W5NVR8	胶原蛋白 V 型 α 链 Collagen type V alpha 1 chain	183.42/5.39	4.86	1.349	0.019
B8Y8S3	生长因子/p75 LEDGF/p75	60.17/9.13	8.11	1.349	0.003
W5PCX3	赖氨酸脱甲基酶 1A Lysine demethylase 1A	83.62/5.88	3.31	1.341	0.000
W5Q3N1	组织蛋白酶 Z Cathepsin Z	33.19/6.25	17.61	1.338	0.033
W5NQJ2	COP9 信号体亚基 5 COP9 signalosome subunit 5	38.02/6.37	11.8	1.336	0.017
B2LYK8	内质网蛋白 29 Endoplasmic reticulum protein 29	28.93/5.92	25.1	1.335	0.037
W5PWY3	吡哆醛磷酸酶 Pyridoxal phosphatase	31.76/5.85	8.11	1.326	0.012
W5QER2	蛋白磷酸酶依赖性 Mg^{2+}/Mn^{2+} Protein phosphatase, Mg^{2+}/Mn^{2+} dependent 1J	22.99/6.58	30.05	1.326	0.028
Q9TTE2	核心蛋白聚糖 Decori	39.95/8.66	43.61	1.325	0.047
W5NY46	对氧磷酶 1 Paraoxonase 1	39.87/5.35	1.97	1.321	0.003
W5NRH5	羟基类固醇 17-β 脱氢酶 4 Hydroxysteroid 17 - β dehydrogenase 4	79.73/8.34	14.38	1.320	0.022
W5Q3A5	细胞型血小板活化因子乙酰水解酶 IB α 亚基 Platelet-activating factor acetylhydrolase IB subunit alpha	46.64/7.37	16.83	1.316	0.005

（续表）

登录号 Accession	蛋白名称 Protein name	分子量/等电点 MW/pI	覆盖率 Coverage	E-X/C-X	P 值 P value
W5PNI4	GRIP1 相关蛋白 1 GRIP1 associated protein 1	96. 10/5. 22	0. 95	1. 315	0. 047
W5PQ75	热休克蛋白家族 H（Hsp110）成员 1 Heat shock protein family H（Hsp110）member 1	93. 91/5. 52	6. 02	1. 311	0. 000
B6UV62	丝氨酸蛋白酶抑制蛋白 1 SERPINF1	45. 93/7. 96	19. 71	1. 296	0. 040
Q6Q312	40S 核糖体蛋白 S26 40S ribosomal protein S26	12. 98/11. 00	13. 91	1. 295	0. 014
W5Q0F3	转化生长因子 β Transforming growth factor beta induced	70. 32/6. 73	23. 26	1. 289	0. 046
W5P272	细胞骨架相关蛋白 5 Cytoskeleton associated protein 5	229. 29/8. 07	1. 59	0. 831	0. 001
W5PVW3	磷脂运输腺苷三磷酸酶 Phospholipid - transporting AT-Pase	164. 62/6. 99	0. 48	0. 067	0. 020
W5Q543	外主轴杆体 1 Extra spindle pole bodies like 1, separase	230. 97/7. 27	0. 28	0. 668	0. 014
W5PBR7	Prolyl 4-羟化酶亚基 α1 Prolyl 4 - hydroxylase subunit alpha 1	60. 89/6. 01	1. 31	0. 642	0. 000
P02083	胎儿血红蛋白 β 亚基 Hemoglobin fetal subunit beta	15. 92/7. 12	94. 48	0. 637	0. 019
W5PHT7	Peptidylproly 异构酶 Peptidylproly1 isomerase	25. 27/9. 35	17. 33	0. 583	0. 038
P29701	α-2-HS 糖蛋白 Alpha-2-HS-glycoprotein	38. 66/5. 38	49. 73	0. 550	0. 029
W5PZS7	Serpin 家庭成员 1 Serpin family A member 1	45. 98/6. 20	37. 50	0. 549	0. 012

（三）生物信息学分析

1. GO 分析

二毛期与初生期滩羊串子花形皮肤蛋白组比较组经过 GO（Gene Ontology）

分析。分析结果表明，在比较组 E-x-vs-C-x 中发现 24 种生物学过程、11 种分子功能和 15 种细胞组分。其中涉及生长、行为、生物调节、生物代谢、免疫系统等生物学过程，涉及催化活性、结构分子活性、转运蛋白活性、分子功能调节等重要分子功能，涉及细胞膜、细胞、细胞器、胞外区、细胞连接、大分子复合物等细胞组分。

2. KEGG 分析

对二毛期滩羊皮肤组织与初生期滩羊皮肤组织的比对组中的差异蛋白进行 KEGG 通路富集分析，对比较组的 KEGG 通路按 P 值进行富集分析，颜色梯度代表 P 值大小，由红色到橘黄色表示 P 值变大，结果表明发现脂肪酸伸长、脂肪酸降解、丁酸脂代谢、cGMP-PKG 信号通路、缬氨酸、亮氨酸和异亮氨酸降解、酮体的合成与降解发生显著变化。

四、讨论

（一）HSPA4L

HSPA4L 是热休克蛋白家族 HSP70 的成员。HSP70 家族具有 20 多种蛋白质，在多数生物体中含量较多，尤其在细胞处于应急状态后生成最为显著。HSP70 蛋白具有多种生物学功能，如提高细胞的应激耐受性功能、分子伴侣功能、细胞抗氧化功能、细胞抗凋亡功能、促进细胞增殖功能以及参与免疫反应功能等。杨雪等研究发现，HSP70 在次级毛囊的外根鞘以及皮脂腺、汗腺等部位表达，且其在毛囊的不同发育时期表达量不同，在毛囊发育的休止期表达量最高。本试验中，在差异蛋白中发现 HSPA4L 在二毛期高表达，推测 HSPA4L 蛋白可能与滩羊串子花形裘皮二毛期毛囊的生长特点以及毛发的弯曲有重要关系。在初生期时，毛囊及毛发生长旺盛，而到二毛期毛囊及毛发生长较初生期变弱，此时滩羊毛发卷曲而长，这与前人的研究结果一致。

（二）载脂蛋白 A1

载脂蛋白（Apolipoprotein，APO）是能够与血脂结合并运输到机体各个组织细胞间进行代谢和利用的蛋白质。有学者发现，APO 在新形成的脂质膜组织修复和再生中起着积极的作用。APO 在组织发育和再生过程中还具有重要的调控形态学信号通路和上皮间充质相互作用的功能。载脂蛋白 A1（ApoA1）的缺乏会导致巨噬细胞来源的泡沫细胞在细胞质中积累酯化的胆固醇，若胆固醇流出受到损害，有毒的游离胆固醇可能会累积导致细胞死亡，从而导致胆固醇结晶的真皮沉积，因此泡沫细胞和胆固醇裂隙的积累既是真皮增厚的原因，也是细胞间细胞外基质减少的原因，此种情况下毛囊生长受到阻碍，进一步导致毛股弯曲程度受到一定的影响。提示 ApoA1 可能对于毛囊生长发育及羊毛弯曲形成相关联。本试验研究发现 ApoA1 在二毛期高表达，提示 ApoA1 可能在滩羊串子花形裘皮二毛期毛囊的发育以及羊毛弯曲的形成中起到重要作用。

（三）转化生长因子-β

转化生长因子-β（TGF-β）广泛存在于动物细胞中，TGF-β 具有调节细胞增殖、细胞凋亡等重要作用。研究表明，TGF-β1 因子对上皮细胞具有明显的抑制作用。有学者建立了敲除 TGF-β1 基因的小鼠模型并与野生型小鼠的毛囊发育做了对比，结果发现敲除 TGF-β1 基因的小鼠毛囊从生长期到退行期转变有明显的推迟，在毛球中发现有大量增殖性细胞，并未发现凋亡细胞；但是在野生型小鼠毛球中发现大量的凋亡细胞以及少许增殖性细胞，给小鼠背部注射 TGF-β1 后发现小鼠毛囊发育提前进入退行期，说明 TGF-β1 通过抑制毛囊细胞增殖或者促进毛囊细胞凋亡的方式来诱导毛囊由生长期向退行期转变。本试验发现在滩羊串子花形裘皮二毛期 TGF-β1 较初生期高表达，说明滩羊在初生到二毛期期间，TGF-β1 影响羊毛的生长。一般在初生期，滩羊羊毛长度在 4.5cm，而到 35d 后的二毛期毛长达到 7~8cm，次级毛囊也发育迅速，到达二毛期后羊毛的生长速度变慢，可能是高表达的 TGF-β1 抑制了毛囊细胞增殖。说明 TGF-β1 与毛囊及毛干的快速发育密切相关。

第八章　滩羊羊毛蛋白组学研究

第一节　滩羊羊毛蛋白质 2D-PAGE 的建立及优化

滩羊是我国唯一生产名贵二毛裘皮的特有绵羊品种，以生产美观、轻便、保暖、耐用的裘皮而著称。因特殊的地理生态环境的长期自然选择和人工选育，造就了集产肉、产毛、产皮于一体的名贵宁夏滩羊羊种，宁夏（盐池）是我国滩羊主产区，有"中国滩羊之乡"的美称。在滩羊二毛期时（1 月龄），其裘皮的特性更为突出，此时毛股长而弯曲，毛穗自然下垂，毛纤维细长均匀，光泽悦目，花案清晰，为宁夏五宝之一的"白宝"。滩羊羊毛按其毛股花穗形的不同，将其分为不同的类型，其中最理想的为串字花、小串字花和软大花等。这些类型的羊毛在其花形结构和毛形比例上都存在着较大的差异，并且这些表型差异随着二毛期滩羊的日龄增加会逐渐减弱甚至消失。因此，对于羊毛表型差异及其变化过程中差异蛋白的研究具有非常重要的意义。查阅国内外相关资料，对于羊毛差异蛋白研究的文献相对较少，主要集中于对羊毛"发源地"——皮肤的研究，松杰等建立内蒙古绒山羊皮肤蛋白质双向电泳图谱条件；杨洁等对细毛羊皮肤组织中毛囊蛋白质双向电泳图谱条件的摸索；付雪峰等利用双向电泳及质谱检测技术对不同羊毛纤维直径细毛羊皮肤组织差异表达蛋白质进行研究，结果发现 94 个差异表达蛋白；杨剑波等成功构建了中国美利奴超细型羊和哈萨克羊皮肤组织间抑制性消减 cDNA 文库，初步筛选出一批可能影响羊毛性状的差异表达 ESTs；高丽霞等利用双向电泳技术对内蒙古绒山羊全年 12 个月的皮肤毛囊蛋白质进行了研究，建立了毛囊发育周期蛋白质图谱，并对图谱进行差异蛋白比对，对差异蛋白进行质谱检测，发现 12 种差异角蛋白；Flanagan 等用蛋白质双向电泳图谱技术对羊毛差异表达蛋白进行分析研究；Plowman 等应用凝胶和非凝胶技术对羊毛蛋白质组学进行探讨，并对美利奴羊、洛姆尼羊和考利代羊 3 种羊毛蛋白进行研究。本实验旨在建立滩羊羊毛蛋白质组的双向电泳图谱体系，为研究滩羊二毛弯曲的形成机制奠定基础。

一、材料与方法

（一）实验材料

1. 样品采集

滩羊羊毛样品采自于宁夏盐池滩羊选育场，剪取滩羊体侧肩胛骨后缘处完整羊毛样品。

2. 试剂

固相胶条、IPG buffer 和矿物油购自 GE 公司；碘乙酰胺（IAA）、二硫苏糖醇（DTT）、硫脲、尿素、CHAPS、Tirs－HCl、30% 聚丙烯酰胺、过硫酸铵、TEMED 和甘油均购自索莱宝公司。

3. 仪器

等电聚焦仪、多通道垂直电泳、惠普透射扫描仪、低温离心机、NW10UVE 超纯水系统。

（二）方法

1. 羊毛洗涤

将采集的羊毛先用 Teric GN9 于 60℃洗涤 2min，再于 40℃洗涤 2min，然后用 40℃去离子水洗涤 2min，再用 60℃去离子水洗涤 2min，放置室温过夜干燥。将干燥的羊毛用二氯甲烷洗涤 2 次，每次 5min，再用乙醇洗涤 2 次，每次 5min，最后用超纯水洗涤 2 次每次 5min，室温干燥。

2. 样品制备

（1）尿素裂解法。将洗涤完毕的羊毛置于研钵中，加入液氮充分反复研磨至粉末状。称取 10mg 羊毛样品粉末溶于 1mL 裂解液（7mol/L 尿素、2mol/L 硫脲、4% CHAPS、65mmol/L DTT、0.5% IPG buffer、1mmol/L EDTA、40mmol/L Tris）中，震荡溶解2min，进行分装并根据Bradford法定量上样，其余放置于-80℃冰箱保存备用。

（2）TCA/丙酮沉淀法。将洗涤完毕的羊毛置于研钵中，加入液氮反复研磨成粉状。称取10mg样品粉末加入1mL TCA丙酮溶液中，放置于4℃冰箱中过夜。将样品置于4℃低温离心机中12 000g离心30min，弃上清，加入100%丙酮（β-巯基乙醇）进行震荡洗涤5min，于低温离心机12 000g离心20min。再重复一遍上述的洗涤过程，然后用90%丙酮（β-巯基乙醇）再次进行震荡洗涤5min，于低温离心机12 000g离心20min，弃上清，再次重复一遍90%的丙酮洗涤过程。最后弃上清并抽真空晾干。加入1mL裂解液（7mol/L尿素、2mol/L硫脲、4%的CHAPS、65mmol/L的DTT、0.5% IPG buffer、1mmol/L EDTA、40mmol/L Tris），充分裂解后，根据Bradford法定量的结果分装，其余放置于-80℃冰箱中保存备用。

（3）被动上样。将GE预制的18cm胶条（pH值4~7，pH值3~10）在室温下平衡15min，进行蛋白质上样（上样量分别为200μg、400μg、600μg、800μg），根据蛋白上样体积加入一定量的水化液（8M尿素，2% CHAPS，1% DTT，0.5% IPGBuffer），使混匀上样总体积为400μL进行水化上样。将混匀的蛋白样品加入IPG-box水化盘中，胶面向下轻轻覆盖混合液，避免气泡的产生，盖紧IPG-box，放置于15℃条件下进行被动水化18h。

（4）第一向等电聚焦。将水化完成的胶条放入等电聚焦仪中，将滤纸片放置在电极和胶条间，放置电极并加入适量矿物油防止溶液的挥发。设置等电聚焦程序：300V 30min线性，500V 1h快速，8 000V 3h线性，8 000V 80 000vhr快速，500V 12h快速至结束；300V 30min线性，500V 1h快速，8 000V 3h线性，9 000V 90 000vhr快速，500V 12h快速至结束。

（5）第二向SDS-PAGE垂直电泳。将聚焦完成后的IPG胶条用5mL的平衡液Ⅰ（6M尿素、2% SDS、1.5M pH8.8Tris-HCl、20%甘油和1% DTT），置于摇床平衡15min，平衡后使用电泳缓冲液润洗，再将胶条置于干净水化盘中，再加入平衡缓冲液Ⅱ（6M尿素、2% SDS、1.5MpH8.8Tris-HCl、20%甘油和4% IAA），放置于摇床平衡15min。配制12%和10%的丙烯酰胺凝胶液并将其注入玻璃板夹层中，顶端留有 1cm 左右的空间，用乙醇封面，以保持胶面平整。聚合时间 1h，待凝胶与上方液体分层时，表明凝胶已基本聚合。倒去 SDS-PAGE 凝胶顶端的乙醇，用超重水冲洗胶面。将平衡好的胶条与聚丙烯酰胺凝胶胶面完全接触，加入低熔点琼脂糖封胶液室温放置 5min，待彻底凝固后将其转移至垂直电泳槽内。向电泳槽中加入 1×电泳缓冲液进行第二向电泳，待溴酚蓝指示剂达到底部边缘时停止电泳。取出凝胶，切角做记号。

（6）凝胶染色及图像分析。每次凝胶用新配的考马斯亮蓝染色 12h 后，用去离子水脱色 48h 至背景干净，用 Images-Scanner 扫描仪扫描，再用 PDQuest8.0 软件分析双向电泳图谱的蛋白点数。

二、结果与分析

（一）蛋白提取方法对羊毛双向电泳的影响

羊毛蛋白质制备作为其双向电泳图谱建立的关键步骤，直接影响着后续条件的建立。本次实验以 TCA/丙酮沉淀法和尿素裂解法 2 种方法进行蛋白提取。从 TCA/丙酮沉淀法（图 8-1 之 A）双向电泳图谱中可以得到相比较于尿素裂解法

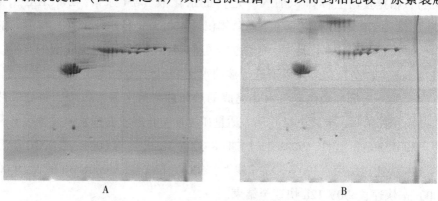

A   B

图 8-1　不同蛋白提取方法滩羊羊毛双向电泳图谱

A. TCA/丙酮沉淀法　B. 尿素裂解法

（图 8-1 之 B）较多的蛋白点，在高丰度蛋白区可以较为明显地看出，尿素裂解法溶解羊毛蛋白不够充分，由于羊毛蛋白质主要是由角蛋白等结构蛋白组成，TCA/丙酮沉淀法较好地溶解了部分疏水性蛋白，提高了蛋白丰度和蛋白种类。

因此，选择 TCA/丙酮沉淀法作为滩羊羊毛蛋白质的提取方法。

（二）上样量对羊毛双向电泳的影响

双向电泳的蛋白上样量对双向电泳图谱蛋白点的检测是十分关键的，为了研究适合于滩羊羊毛蛋白质双向电泳的上样量，本次实验选择以 200μg、400μg、600μg、800μg 4 种蛋白上样量为探讨对象。当蛋白质上样量为 200μg（图 8-2 之 A）时，只能得到高丰度蛋白，几乎看不到低丰度蛋白；为 400μg（图 8-2 之 B）时，得到十分模糊的低丰度蛋白，不利于后期蛋白分析；600μg（图 8-2 之 C）时，高、低丰度蛋白都有较清楚的分辨率；800μg（图 8-2 之 D）时，高丰度蛋白由于蛋白浓度过高，影响蛋白质的聚焦。所以相比其他上样量，选择 600μg 作为滩羊羊毛双向电泳图谱的最适上样量。

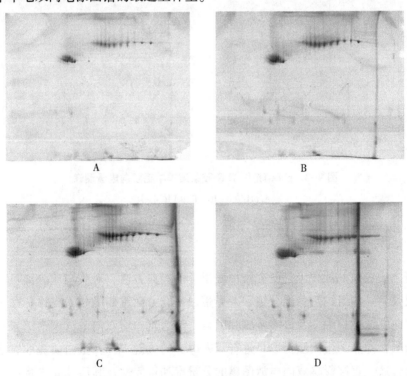

图 8-2　不同上样量滩羊羊毛双向电泳图谱

A、B、C、D 上样量依次为 200μg、400μg、600μg、800μg

（三）pH 值范围 IPG 胶条对羊毛双向电泳的影响

本试验选择了同为 18cm pH 值范围为 3~10 和 4~7 的 2 种 IPG 胶条作为滩羊羊毛蛋白质双向电泳图谱条件的研究，从电泳图谱中清楚地看到不同 pH 值范围的 IPG 胶条对羊毛蛋白点的分布有较为明显的影响，在 pH 值为 4~7（图 8-3 之 B）的图谱中，高丰度蛋白与低丰度蛋白都有较为清楚的分布；而 pH 值为 3~10（图 8-3 之 A）的图谱中可以直观地看到其高丰度蛋白点出现堆积现象。因此，选择 pH 值为 4~7 作为滩羊羊毛双向电泳的 IPG 胶条。

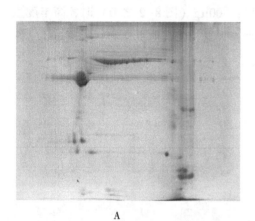 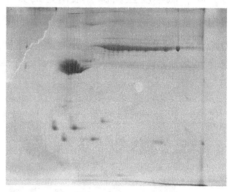

A   B

图 8-3　pH 值范围 IPG 胶条滩羊羊毛双向电泳图谱

A. pH 值 3~10　B. pH 值 4~7

三、讨论

蛋白质双向电泳技术是研究蛋白质组学的经典方法，对蛋白质分离可达到理想的效果，是各组织蛋白组分离和差异蛋白研究方面重要的技术支撑。在进行蛋白质双向电泳过程中涉及许多步骤和因素，都对蛋白质双向电泳图谱结果有着较大的影响，样品的蛋白质提取是进行双向电泳的关键步骤，蛋白质提取方法的选择是否合适，直接影响双向电泳图谱的分辨率和重复性及其后续差异蛋白点的鉴定。由于羊毛组织蛋白主要以角蛋白和羊毛结构蛋白组成其特殊性，本试验对 TCA/丙酮沉淀法和尿素裂解法在滩羊羊毛蛋白质提取效果进行了研究，结果发现，TCA/丙酮沉淀法检出的蛋白点数相比尿素裂解法有所增加，高丰度蛋白区蛋白点较为清晰，其原因可能是 TCA/丙酮沉淀法反复沉淀洗涤羊毛蛋白，能较好地溶解某些疏水性蛋白，提高蛋白丰度和蛋白种类，配合裂解液中高浓度的尿素和硫脲以及还原剂 DTT、去污剂 CHAPS 等成分，可增强羊毛蛋白的溶解，获得较为理想的凝胶结果图谱，得到清晰的蛋白点。因此，选择 TCA/丙酮沉淀法作为滩羊羊毛蛋白质的提取方法。

蛋白质上样量直接影响着蛋白质双向电泳图谱上蛋白点的分离效果，上样量过低导致低丰度蛋白不能被分离出来，上样量过高则导致高丰度蛋白掩盖部分分子量和等电点相近的低丰度蛋白，同时还会导致横向拖带。本实验选择 200μg、400μg、600μg、800μg 4 种不同上样量进行滩羊羊毛蛋白图谱上样量的研究。上样量为 200μg 和 400μg 时，只能得到模糊的高、低丰度蛋白，很明显不能满足蛋白上样量的要求，不利于后期蛋白质的分析；上 800ug 时高丰度蛋白由于蛋白质浓度过高，电泳图谱蛋白质出现聚焦现象，蛋白质没有得到有效地分析。相比其他上样量，600μg 时高、低丰度蛋白都有较清楚的分辨率，羊毛蛋白得到较为理想的分离效果。因此，选择以 600μg 作为滩羊羊毛双向电泳图谱的最适上样量。

双向电泳 IPG 胶条的选择主要根据羊毛蛋白的组成情况，查阅相关文献，选择 18cm 的 pH 值为 4~7 和 pH 值为 3~10 的两种胶条。宽 pH 值范围的胶条用来分析总蛋白，窄 pH 值范围的胶条可以大大提高分辨率和灵敏度，用于分析特定的蛋白质。从得到的蛋白质图谱可以明显地看出 pH 值为 4~7 的蛋白点得到了有效的分离。鉴于后期对滩羊羊毛差异蛋白点的研究需要，所以选择 pH 值相对较窄的、具有很好分辨率的 pH 值为 4~7 的胶条作为滩羊羊毛双向电泳的胶条。

四、结论

对滩羊羊毛进行洗涤，液氮研磨处理，利用 TCA/丙酮沉淀法提取蛋白质，选择 18cm 的 pH 值为 4~7IPG 胶条，上样量为 600μg，聚焦时间 90 000vhr 或更高，12%SDS-PAGE 凝胶，建立滩羊羊毛双向电泳图谱体系，为滩羊不同时期羊毛和同一时期不同花穗形羊毛以及滩羊羊毛与其他品种羊毛之间的差异蛋白质组学研究奠定基础。

第二节　滩羊弯曲毛与直毛差异蛋白的筛选研究

羊毛的弯曲是由于羊毛纤维蛋白的表达和复杂的调控所导致。在已有的研究中发现，羊毛弯曲与毛囊中细胞的不对称分裂、毛纤维中正副皮质的双边排列、不同角蛋白的不对称组成以及角质化过程有关，Wnt、EDA/EDAR、EGFR、BMP、Shh 等经典信号通路与毛发弯曲有直接或间接的联系。

蛋白质组学是全局整体研究所提出的蛋白质，蛋白质组学数据可以真实地反应特定组织在一定条件下生化遗传信息的输出。非标定量技术（Label Free）属于蛋白质组学分析法，用来分析不同的组织、细胞之间蛋白质的相对差异。相比于同位素标记相对和绝对定量（iTRAQ）技术分析物质差异蛋白，非标定量技术能够避免标记物带来的试验误差，且能根据肽段碎片的质谱峰面积进行定量，定量依据更丰富，定量更准确。

本试验以滩羊的直毛与弯曲毛为研究对象，应用非标定量技术结合主成分分析，来筛选滩羊直毛与弯毛的差异表达蛋白，以期从蛋白质层面发现滩羊直毛与弯曲毛的差异，为选育优良的滩羊羊毛提供研究基础。

一、试验材料与方法

（一）试验材料

1. 试剂

生理盐水，STD 缓冲溶液（4% w/v SDS，150mmol/L Tris－HCl，1mmol/L DTT），DTT 溶液，尿素冷却液（150mmol/L Tris－HCl，8mol/L 尿素），IAA 溶液，尿素裂解液，溶解缓冲溶液，胰蛋白酶溶液，0.1%甲酸水溶液，0.1%甲酸乙腈水溶液

2. 仪器

AKTA Purifier 100 纯化仪（购于 GE Healthcare 公司），Q-Eactive 质谱仪，液相色谱仪（Easy nLC1000，购于 Thermo Finnigan 公司），Eppendorf5430R 低温离心机，Eppendorf Concentrator plus 离心浓缩仪，可见紫外分光光度计（UV-2100

型），C18 Cartridge。

3. 样本来源

滩羊的弯曲毛与直毛采自于宁夏盐池滩羊选育场，超低温冰箱（-80℃）保存。弯曲羊毛4份（C-1、C-2、C-3、C-4）和直羊毛4份（S-1、S-2、S-3、S-4）。

4. 样品前处理

将采集到的8份样品（C-1、C-2、C-3、C-4、S-1、S-2、S-3、S-4）经生理盐水处理，立即置于装有干冰的泡沫盒中，带至实验室，保存于超低温冰箱（-80℃）中备用。

（二）方法

1. 蛋白质提取

样品均采用SDT裂解法提取蛋白质。将羊毛样品分别置于研钵中，加入液氮研磨成粉末状，再加入STD缓冲溶液（4% w/v SDS，150mmol/L Tris-HCl，1mmol/L DTT，pH值为8.0）600μL，将混合液搅拌均匀之后沸水浴15min，利用超声波进行破碎（80W，8s/次，每次间隔10s，持续5min），放置于沸水中5min，离心15min（12 000g），提取上层清液，然后利用BCA法进行蛋白质定量。

2. 蛋白质酶解

样品均采用Filter Aided Proteome Preparation（FAPP）方法进行胰蛋白酶酶解。将上述每份蛋白质样品各取200μg，加入DTT溶液至浓度为100mmol/L为止，置于沸水浴5min后，在室温下冷却，随后加入尿素冷却液（150mmol/L Tris-HCl，8mol/L尿素）200μL，充分混匀后移动至10ku超滤离心管中，离心并丢弃过滤后的溶液。之后在超滤膜上加100μL IAA溶液，振荡均匀后在避光的条件下放置30min，离心并丢弃滤过液。加入尿素裂解液100μL后离心，该步骤重复2次。加入溶解缓冲溶液100μL后离心，该步骤重复2次。最后加入胰蛋白酶溶液，置于37℃恒温箱中16~18h。酶解样品C18 Cartridge对肽段进行脱盐，肽段冻干后加入40μL 0.1%甲酸溶液复溶，肽段定量（OD280）。

3. LC-MS/MS 数据采集

样品采用纳声流速的 HPLC 液相系统 Easy nLC 进行分离。缓冲液 A 液为 0.1%甲酸水溶液，B 液为 0.1%甲酸乙腈水溶液（乙腈为 84%）。色谱柱以 95% 的 A 液平衡，样品由自动进样器上样到上样柱（Thermo Scientific Acclaim Pep-Map100，100μm×2cm，nanoViper C18），经过分析柱（Thermo scientific EASY column，10cm，ID75μm，3μm，C18-A2）分离，流速为 300 nL/min。样品经色谱分离后用 Q-Exactive 质谱仪进行质谱分析。检测方式为正离子，母离子扫描范围 300~1 800m/z，一级质谱分辨率为 70 000在 200m/z 时，AGC 自动增益控制设置为 $1×10^6$，最大注入时间为 50ms，动态排除时间为 60.0s。多肽和多肽碎片的质量电荷比按照下列方法采集：每次全扫描（Full Scan）后采集 20 个碎片图谱（MS2 scan），MS2 Activation Type 为 HCD，Isolationwindow 为 2 m/z，二级质谱分辨率 17 500在 200 m/z 时，标准化撞击能量为 30eV，Underfill 为 0.1%。

4. 质谱数据分析

质谱分析原始数据为 RAW 文件，用 MaxQuant（版本号 1.5.317）软件进行查库鉴定及定量分析。所用数据库为 uniprot 中的 OvisariesSheep 数据库，以 FDR ≤0.01 为筛选标准，选择 LFQ 蛋白质定量算法。

5. 主成分分析

经 MaxQuant 处理得到的所有样品的蛋白定量数据经整理后导入 SIMCA（Version 14.1）软件中进行主成分分析（PCA），选用偏最小二乘判别分析（PLS-DA）模型和正交偏最小二乘法判别分析（OPLS-DA）模型分别进行分析，并利用 OPLS-DA 模型中的变量重要性因子（Variable Important for The Projection，VIP）进行候选标志物的筛选。

6. 差异蛋白筛选

以滩羊羊毛样品 2 组平均值比值（C/S）的差异倍数（Fold Change，FC）为参数，结合变量重要性因子值，且将鉴定出的蛋白质用 t 检验进行差异显著性分析；采用 FC≥3 或 FC≤0.33，VIP>1，$P<0.05$（t 检验）作为筛选蛋白标志物的标准，确定出差异蛋白，将筛选出的这些蛋白认定为直毛样品和弯毛样品之间的差异蛋白。

二、结果与分析

（一）蛋白质的鉴定

经过对试验样品弯曲羊毛和直羊毛各 5 组的酶解处理，使用非标定量技术，进行质谱分析后得到 10 组肽，所得 MS 图谱数据经 MASCOT 查库分析，最终有 9 726 个肽段（Peptide）被鉴定出，鉴定到 1 705 个蛋白质。同时，检测出有 85 个蛋白出现在直毛中且弯毛中没有表达，15 个蛋白出现在弯毛中而直毛中没有表达。

（二）多元统计分析

对得到的质谱数据，筛选出每组样品均不为空值的蛋白质组，进行整理后导入 SIMCA 软件（versin14.1）进行主成分分析（PCA）统计分析方法评估修饰定量重复性，得到模型的评判参数 R^2Y（模型解释率）、Q^2（模型预测率）。结果表明：$R^2X = 0.584$，$Q^2 = 0.125$，直毛样品与弯曲毛样品间呈现明显的分离趋势，且重复样品都基本聚集在一起，说明此试验得到的数据定量重复性好。

然后建立有监督的正交偏最小二乘法判别分析（OPLS-DA）模型，该方法在偏最小二乘判别分析（PLS-DA）的基础上进行修正，滤除与分类信息无关的噪音，提高了模型的解析能力和有效性。经过 7 次循环交互验证得到模型的评判参数 R^2Y 和 Q^2。$R^2X = 0.542$，$R^2Y = 0.989$，$Q^2 = 0.791$，此模型 R^2Y、Q2 都接近 1，说明模型稳定可靠。可通过计算 OPLS-DA 模型中的变量重要性因子来辅助样品差异蛋白的筛选。

（三）差异蛋白筛选

将得到的变量重要性因子值与质谱数据相匹配，并计算出 2 组蛋白质的差异倍数（C/S，FC 值），且将鉴定出的蛋白质用 t 检验进行差异显著性分析，采用 FC≥3 或 FC≤0.33、VIP>1、$P<0.05$（t 检验）作为筛选蛋白标志物的标准，共检验出 38 种差异蛋白。其中与直毛相比，弯曲毛中上调蛋白有 7 个，下调蛋白有 31 个。按照标准筛选出的差异蛋白，除去未命名的蛋白外，列出存在显著差异的部分蛋白质，得到如下统计数据（表 8-1）。

表 8-1　差异蛋白

登录号	蛋白名称	VIP	P (C/S)	FC (C/S)
W5P1H0	Cathepsin C	1.498 0	0.005 49	0.155 38
W5Q0T3	Lactoylglutathione lyase	1.392 2	0.013 31	0.161 66
W5NRW4	Tropomyosin 4	1.214 3	0.040 54	0.182 95
W5QFM1	Histone H2A	1.495 5	0.002 18	0.184 47
W5PLD4	Psoriasis susceptibility 1 candidate 2	1.323 2	0.024 06	0.190 79
C5IWT7	Thioredoxin domain containing 17	1.525 1	0.003 23	0.192 60
W5PZ48	Cathepsin H	1.332 0	0.028 60	0.204 82
W5Q831	Destrin, actin depolymerizing factor	1.411 1	0.008 69	0.226 99
W5Q0Q5	ATP synthase-coupling factor 6	1.451 2	0.002 16	0.228 15
B0FZM4	Myosin light chain 6 (Fragment)	1.281 7	0.037 51	0.229 15
B2GMB1	Cytochrome c oxidase subunit 2 (Fragment)	1.413 9	0.012 20	0.242 69
W5QFQ0	Malate dehydrogenase	1.347 8	0.022 97	0.245 59
W5QHX9	Phospholipase B domain containing 1	1.342 2	0.025 52	0.245 74
W5PHY6	Nectin cell adhesion molecule 2	1.523 6	0.002 31	0.252 37
W5P500	Proteasome subunit beta type	1.334 5	0.030 95	0.254 87
W5PEQ9	Serine and arginine rich splicing factor 1	1.478 1	0.003 56	0.257 36
K4P494	Cystatin	1.263 9	0.028 42	0.265 61
W5Q5P5	Gamma-glutamyl hydrolase	1.56 51	0.000 96	0.274 20
W5Q7J3	Eukaryotic translation initiation factor 1	1.415 8	0.015 37	0.277 22
P50413	Thioredoxin	1.447 9	0.002 99	0.281 39
W5NTB3	Cystatin	1.256 2	0.039 23	0.283 55
W5PSF3	Diazepam binding inhibitor, acyl-CoA binding protein	1.325 9	0.023 02	0.289 03
W5QEU6	Annexin	1.387 4	0.016 72	0.289 11
W5Q0Z2	Cathepsin B	1.463 0	0.008 56	0.295 39
W5NWK8	S100 calcium binding protein A14	1.518 7	0.001 90	0.302 79

（续表）

登录号	蛋白名称	VIP	P（C/S）	FC（C/S）
W5PA28	Desmocollin 2	1.288 9	0.038 67	0.306 45
W5PAA2	GABA type A receptor associated protein like 2	1.5302	0.00211	0.30741
W5PZM9	Annexin	1.265 1	0.039 66	0.315 59
W5Q0R4	Alpha-crystallin B chain	1.436 5	0.010 45	0.321 86
M4WED3	Cell division cycle 42	1.329 2	0.023 22	0.323 10
A9YUY8	Adipocyte fatty acid – binding protein 4	1.483 9	0.002 47	0.328 02
W5PQY2	Cystathionine gamma-lyase	1.355 5	0.010 63	3.052 38
E3VW87	Keratin 86	1.214 7	0.034 06	3.130 79
W5PKZ6	Keratin associated protein 12.4	1.517 2	0.002 17	3.498 17
W5Q2H8	Keratin associated protein 12.2	1.227 2	0.036 25	4.717 70
A8WEL6	Keratin associated protein 4.3	1.135 4	0.047 50	5.377 28
W5Q350	Keratin associated protein 16.1	1.286 7	0.019 15	5.907 88
Q7JFW9	Keratin associated protein 1.3	1.471 7	0.001 54	7.959 37

三、讨论

角蛋白和角蛋白相关蛋白是毛发的主要成分，两类蛋白占毛纤维总毛量的65%~95%，在毛囊中表达最丰富且具有维持毛囊结构的作用，是形成皮肤毛囊细胞的主要结构蛋白，并且可以决定羊毛的结构特征，角蛋白和角蛋白相关蛋白的成分差异也是造成毛发形态多样化的直接因素。

角蛋白可分为酸性Ⅰ型角蛋白和中性碱性Ⅱ型角蛋白两类，含有较多半胱氨酸，故二硫键含量很多，能够起到交联作用，故角蛋白化学性质很稳定，有较高的机械强度。角蛋白和角蛋白相关蛋白半胱氨酸的组成变化，会导致角蛋白相关蛋白之间以及角蛋白和角蛋白相关蛋白之间的相互作用不同，从而导致组合复杂性，进而导致物种之间毛发纤维的强度、弯曲等形态学上的差异。

羊毛纤维主要是由皮质层构成（90%），皮质层又分正皮质、副皮质和中间皮质。HGT-KAP 主要在正皮质区表达，HSP-KAP 在副皮质区表达。正皮质细胞位于羊毛弯曲外侧，副皮质细胞位于羊毛弯曲内侧，正皮质细胞生长速度较快，副皮质细胞生长速度较慢，这种差异导致羊毛弯曲的形成。

KAP4.3属于超高硫角蛋白相关蛋白，KAP4家族是绵羊最大的KAPs家族，共27个成员，长度从54~310个残基不等。约80%的KAP4家族的蛋白由5种氨基酸组成，即半胱氨酸、丝氨酸、脯氨酸、精氨酸和苏氨酸，其中半胱氨酸占28.7 ~ 31.2mol%，是KAPs家族中含半胱氨酸最高的。在羊毛中该家族蛋白仅在副皮质层表达。有研究报道，弯曲少的黑色美利奴羊毛与细且弯曲多的白色美利奴羊毛相比，KAP4.3的表达在黑山羊中减少到白羊毛的一半，说明KAP4.3高表达导致羊毛弯曲的形成。本研究发现，在弯曲毛中，KAP4.3高表达，与直羊毛相比，差异倍数为5.38倍，说明KAP4.3影响滩羊二毛期羊毛弯曲的形成。

KAP1.3属于高硫蛋白，在羊毛纤维结构的副皮质区表达，*KRTAP*1.3定位到绵羊的21号染色体上，有9个单核苷酸多态性（SNPs）。在羊毛中这个家族的表达有一定程度的变异性：KAP1.3和KAP1.4在所有品种的所有动物中都有表达。另有研究报道，*KRTAP*1.3基因的多态性与滩羊羊毛弯曲数有关。有报道应用PCR-RFLP分子标记技术，研究了258只滩羊角蛋白KAP1.3基因的多态性及其与裘皮品质的相关性，结果表明*KRTAP*1.3基因有望成为提高裘皮弯曲数性状的分子标记辅助选择候选基因。有研究应用PCR-SSCP技术对羊毛纤维组成蛋白中的KAP1.3基因部分序列进行多态性分析，结果表明KAP1.3基因与产毛量和拉伸长度相关。本研究发现，在弯曲毛中*KRTAP*1.3高表达，与直羊毛相比差异倍数为7.96倍，说明KAP1.3影响滩羊二毛期羊毛弯曲的形成。在ROC曲线中，KAP1.3的AUC值为1，表明KAP1.3有望成为影响滩羊二毛期羊毛弯曲的标记蛋白。

KAP12.2和KAP12.4都属于高硫蛋白，该类蛋白含有较高含量的半胱氨酸，在羊毛纤维结构中的角质层表达。在人中将*KRTAP*12.2定位到21号染色体上，KAP12.4的定位在人和绵羊中均未报道。本研究发现，在弯曲毛中，KAP12.2（FC=4.72）和KAP12.4（FC=3.50）显著高于直毛中的表达，可能KAP12.2和KAP12.4影响滩羊二毛期羊毛弯曲的形成。在ROC曲线中，KAP12.2和KAP12.4的AUC值均为1，表明KAP 12.2和KAP12.4有望成为影响滩羊二毛期羊毛弯曲的标记蛋白。

KAP16.1 在绵羊中属于 HGT-KAPs 蛋白类，该类蛋白中甘氨酸与酪氨酸含量较高，而半胱氨酸的含量较低，位于羊毛纤维的正皮质区，该基因在绵羊中定位到 11 号染色体上。本研究发现，在弯曲羊毛中，KAP16.1 高表达（FC = 5.91），说明 KAP16.1 影响滩羊二毛期羊毛弯曲的形成。在 ROC 曲线中，KAP16.1 的 AUC 值为 1，表明 KAP16.1 有望成为影响滩羊二毛期羊毛弯曲的标记蛋白。

K86 属于 Ⅱ 型角蛋白，在羊毛纤维结构的皮质层表达，绵羊中将 *KRT*86 定位到 3 号染色体上。据报道，Ye ZZ 等鉴定出的 *KRT*86 外显子 7 突变在与念珠状发（Monilethrix）的发病机制中起主要作用。另有研究报道，*KRT*86 基因的 R430Q 突变可能是念珠状发的致病原因。本研究发现在弯曲毛中 K86 高表达（FC = 3.13），说明 K86 影响滩羊二毛期羊毛弯曲的形成。

四、结论

本试验采用非标定量蛋白质组学技术结合多元统计分析中的主成分分析方法，发现 K86、KAP12.4、KAP12.2、KAP4.3、KAP16.1、KAP1.3 在滩羊弯毛中的表达明显高于在直毛中的表达。这 6 种蛋白可能在滩羊毛弯曲形成时起重要作用，这些蛋白有潜力发展成为滩羊羊毛弯曲形成的分子标志物。

第三节　磷酸化蛋白修饰对滩羊直毛与弯曲毛差异蛋白的分析研究

滩羊是我国宁夏特有的一种绵羊品种，以生产名贵的二毛裘皮闻名于世。滩羊裘皮以美观、轻便、保暖、耐用著称，古有"九道弯"之美称。滩羊二毛期被毛由两形毛和绒毛组成，毛股长 8cm 左右，弯曲有 5~7 个，毛股紧实，弯曲呈水波状，花穗美丽，光泽悦目，其中以"串子花"花穗形最受欢迎。滩羊二毛期之后随着滩羊的生长发育，滩羊皮肤变厚，血管丰富，羊毛的弯曲数出现下降。在裘皮生产过程中，极大影响了裘皮的经济效益。

蛋白质是执行细胞生物功能的基本单元，其表达受基因和表观遗传所决定。蛋白质表达后还会受许多因素调控，蛋白质翻译后不同基团或位点的修饰又决定了蛋白质的不同功能。这种翻译修饰过程会受到一系列酶和去修饰酶的作用，使蛋白质表现出某种稳定或动态的特定功能。目前已经确定的翻译后修饰有 400 多种，常见的修饰过程有甲基化、泛素化、磷酸化、糖基化、乙酰化、SUMO 化、亚硝基化、氧化等。蛋白质修饰可分为可逆与不可逆修饰 2 种，不可逆的如 O 位的羧基端甲基化，而磷酸化、N-位甲基化、N-乙酰化修饰均属于可逆的修饰，会随着细胞生理状态和外界环境的变化而变化。磷酸化修饰是一种动态的修饰，在蛋白质侧链上共价连接一个 PO_4 基团，将 ATP/GTP 第 γ 位的强负电荷基团转移到底物氨基酸残基上。最常见的磷酸化修饰位于丝氨酸、苏氨酸和酪氨酸，磷酸化修饰也是生物中最常见和最重要的翻译后修饰，如在细胞信号的传导以及细胞代谢过程（基因表达、细胞生长、细胞分裂和增殖等）中起着重要的调节作用。此外，精氨酸、组氨酸、赖氨酸以及酰基衍生的天门冬氨酸和谷氨酸也会发生磷酸化修饰，但发生的比例很小。在羊毛中，α-角蛋白组装成角蛋白中间丝（KIF），然后嵌入由 KAP 组成的丝状基质中。中间丝蛋白（IF）是富含多磷酸位点的蛋白，单个肽段中的这些位点受到众多激酶和磷酸酶活性的调节，不同的磷酸修饰化模式导致细胞复杂的分化和功能。已有的研究发现角蛋白磷酸化有以下特点：①角蛋白磷酸化是复杂且快速的，并与其他翻译后修饰相关。②角蛋白末端区域优先发生磷酸化。③磷酸化修饰增加角蛋白溶解度。IF 蛋白磷酸化的功能正在逐渐被挖掘，蛋白的磷酸化作用可能发生在特定的 IF 蛋白所特有的位点上，或者发生在 IF 蛋白之间保守的位点上。特异性 IF 蛋白所特有的位点将具有特定功能，该功能可能与该 IF 蛋白的组织特异性表达相关。

目前，国内外的研究主要集中在羊毛及羊皮肤蛋白质组学方面，磷酸化修饰作为重要的蛋白修饰，在蛋白表达中发挥重要功能。本研究首次采用基于高分辨质谱的 TMT 蛋白质组和磷酸化蛋白质组技术，对滩羊裘皮直毛和弯曲的羊毛磷酸化蛋白修饰进行系统分析研究，以期探明影响羊毛弯曲形成的机制，为滩羊二毛裘皮的分子选育提供理论依据。

一、材料与方法

（一）材料

1. 样品采集

采集二毛期滩羊弯曲数达到 6 个以上的串子花羊毛及没有明显弯曲的直毛，所采集滩羊均来源于宁夏盐池滩羊选育场。样品冲洗干净后置于干冰中保存带回实验室，保存备用。

2. 主要试验试剂与仪器

TCA 丙酮溶液，Tris，甲醇，尿素，蛋白酶抑制剂（选购于 Calbiochem 公司），胰酶（Trypsin，选购于 Promega 公司），乙腈（Acetonitrile，选购于 Fisher Chemical 公司），三氟乙酸（Trifluoroacetic Acid，选购于 Sigma-Aldrich 公司、甲酸（Formic Acid，选购于 Fluka 公司），碘代乙酰胺（Iodoacetamide）、二硫苏糖醇（Dithiothreitol）、尿素（Urea）、三乙基碳酸氢铵（TEAB）均选购于 Sigma 公司，超纯水（H$_2$O）选购于 Fisher Chemical 公司，BCA 试剂盒选购于碧云天公司，TMT 标记试剂盒选购于 Thermo 公司，磷酸化酶抑制剂选购于 Millipore 公司。

（二）方法

1. 蛋白质提取

样品取出，称取适量组织样品至液氮预冷的研钵中，加液氮充分研磨至粉末状。称取适量粉末加入 5 倍体积 TCA 丙酮溶液中，放置于 4℃冰箱中过夜。4℃ 12 000g 离心 10min，弃上清，加入 100%丙酮震荡洗涤 5min，4℃ 12 000g 离心 10min，再重复一遍上述的洗涤过程。然后用 90%丙酮再次震荡洗涤 5min，4℃ 12 000g 离心 10min，弃上清，再次重复一遍 90%的丙酮洗涤过程。最后弃上清并抽真空晾干。各组样品分别加入粉末 4 倍体积酚抽提缓冲液（含 10mM 二硫苏糖醇，1%蛋白酶抑制剂，1%磷酸酶抑制剂），超声裂解。加入等体积的 Tris 平衡酚，4℃ 5 500g 离心 10min，取上清并加入 5 倍体积的 0.1 M 乙酸铵/甲醇沉淀过夜，蛋白沉淀分别用甲醇和丙酮进行洗涤。最后沉淀用 8 M 尿素复溶，利用 BCA 试剂盒进行蛋白浓度测定。

2. 胰酶酶解

蛋白溶液中加入二硫苏糖醇使其终浓度为 5mM，56℃还原 30min。之后加入碘代乙酰胺使其终浓度为 11mM，室温避光孵育 15min。最后将样品的尿素浓度稀释至低于 2 M。以 1：50 的质量比例（胰酶：蛋白）加入胰酶，37℃酶解过夜。再以 1：100 的质量比例（胰酶：蛋白）加入胰酶，继续酶解 4h。

3. TMT 标记

胰酶酶解的肽段用 Strata X C18（Phenomenex）除盐后真空冷冻干燥。以 0.5M TEAB 溶解肽段，根据 TMT 试剂盒操作说明标记肽段。简单的操作如下：标记试剂解冻后用乙腈溶解，与肽段混合后室温孵育 2h，标记后的肽段混合后除盐，真空冷冻干燥。

4. 修饰富集

将肽段溶解在富集缓冲溶液中（50%乙腈/6%三氟乙酸），转移上清液至提前洗涤好的 IMAC 材料中，放置于旋转摇床上温和摇晃孵育。孵育结束后依次使用缓冲溶液 50%乙腈/6%三氟乙酸和 30%乙腈/0.1%三氟乙酸洗涤树脂 3 次。最后使用 10%氨水洗脱修饰肽段，收集洗脱液并真空冷冻抽干。抽干后按照 C18 ZipTips 说明书除盐，真空冷冻抽干后供液质联用分析。

5. 液相色谱-质谱联用分析

肽段用液相色谱流动相 0.1%（v/v）甲酸水溶液溶解后使用 EASY-nLC 1000 超高效液相系统进行分离。流动相 A 为含 0.1%甲酸和 2%乙腈的水溶液；流动相 B 为含 0.1%甲酸和 90%乙腈的水溶液。液相梯度设置：0~38min，5%~24%B；38~52min，24%~38%B；52~56min，38%~80%B；56~60min，80%B，流速维持在 350nL/min。

肽段经由超高效液相系统分离后被注入 NSI 离子源中进行电离然后进 Q Exactive 质谱进行分析。离子源电压设置为 2.1 kV，肽段母离子及其二级碎片都使用高分辨的 Orbitrap 进行检测和分析。一级质谱扫描范围设置为 350~1 800m/z，扫描分辨率设置为 70 000；二级质谱扫描范围则固定起点为 100m/z，二级扫描分辨率设置为 35 000。数据采集模式使用数据依赖型扫描（DDA）程序，即在一级扫描后选择信号强度最高的前 10 肽段母离子依次进入 HCD 碰撞池使用 31%的碎裂能量进行碎裂，同样依次进行二级质谱分析。为了提高质谱的有效利用率，自动增益控制（AGC）设置为 1E5，信号阈值设置为 20 000ions/s，最大注入时间设置为 100ms，串联质谱扫描的动态排除时间设置为 30s 避免母离子的重复扫描，所有的母子离子对均采用 mProphet 算法进行确认。

6. 数据库搜索

二级质谱数据使用 Maxquant（v1.5.2.8）进行检索。检索参数设置：数据库为 Ovis aries_ Proteome_ 1810（23 109 条序列），添加了反库以计算随机匹配造成的假阳性率（FDR），并且在数据库中加入了常见的污染库，用于消除鉴定结果中污染蛋白的影响；酶切方式设置为 Trypsin/P；漏切位点数设为 2；肽段最小长度设置为 7 个氨基酸残基；肽段最大修饰数设为 5；First search 和 Main search 的一级母离子质量误差容忍度分别设为 20ppm 和 5ppm，二级碎片离子的质量误差容忍度为 0.02Da。将半胱氨酸烷基化设置为固定修饰，可变修饰为甲硫氨酸的氧化，蛋白 N 端的乙酰化，脱酰胺化（NQ），丝氨酸、苏氨酸和酪氨酸的磷酸化。定量方法设置为 TMT-6plex，蛋白鉴定、PSM 鉴定的 FDR 都设置为 1%。

7. 质谱质控检测

肽段分布在 7~20 个氨基酸，采用 Trypsin 酶解和 HCD 碎裂方式。其中小于 5 个氨基酸的肽段由于产生的碎片离子过少，不能产生有效的序列鉴定。大于 20 个氨基酸的肽段由于质量和电荷数较高，不适合 HCD 的碎裂方式。质谱鉴定到的肽段长度的分布符合质控要求。

8. 统计学分析

经 Protein Pilot 处理得到的各类样品的蛋白定量数据经整理后导入 SIMCA（Version14）软件中进行主成分分析（PCA），选用偏最小二乘判别分析（PLS-DA）模型和正交偏最小二乘法判别分析（OPLS-DA）。利用该模型中的变量重要性因子（VIP）进行候选标志物的筛选。采用 VIP>1 并且结合 $P<0.05$（t 检验）、差异倍数 FC>2 或 FC<0.5（C/S）作为筛选蛋白标志物的标准。

二、结果与分析

（一）质谱鉴定

本试验通过质谱分析共得到 70 224 张二级谱图。质谱二级谱图经蛋白数据搜库后，得到可利用有效谱图数为 4 948，谱图利用率为 7.0%，通过谱图解析共鉴定到 1 404 条肽段，1 059 个磷酸化修饰肽段。共鉴定到 540 个蛋白上的 1 442 个磷酸化修饰位点，磷酸化修饰全都发生在丝氨酸、酪氨酸和苏氨酸上。其中 419 个蛋白上的 1 071 个位点具有定量信息。进一步通过 Web-Logo 在线工具对修饰位点附近的序列特征进行统计，结果显示，_ S_ PxR 基序出现频率最高，其次是 _ S_ P 基序（图 8-4）。

图 8-4　序列特征分析

（二）多元统计分析

本试验检验生物重复或技术重复样本的定量结果是否符合统计学上的一致性。将质谱分析后提取定量到的蛋白，导入 SIMCA 软件（versin14.1）进行主成分分析（PCA）统计分析方法评估修饰定量重复性。重复样本之间的聚集程度越好代表定量重复性越好，样本间呈明显的分离趋势。然后建立有监督的正交偏最小二乘法判别分析（OPLS-DA）模型，经过 7 次循环交互验证得到模型的评判参数 R^2Y（模型解释率）和 Q^2（模型预测率），$R^2Y=1$，$Q^2=0.992$，此模型 R^2Y、Q^2 均大于 0.5，表明样本间差异显著，此模型稳定可靠。

（三）羊毛直毛与弯毛差异蛋白的筛选

根据筛选标准共筛选出 23 种差异磷酸化蛋白的 30 个磷酸化修饰位点，其中

14 种上调蛋白，9 种下调蛋白。对所鉴定到的磷酸化修饰位点分析，羊毛蛋白磷酸化修饰位点集中于丝氨酸（S）、苏氨酸（T）和酪氨酸（Y）残基上，位点数量分别是 26 个、3 个和 1 个（表 8-2）。

表 8-2　差异蛋白修饰位点

蛋白质名称	Amino acid	C/S FC	C/S VIP	C/S *P*
KAP2. 4	S^{47}	0. 087 745	2. 802 87	0. 029 479
Alpha-S1-casein	S^{137}	4. 425 859	2. 622 44	0. 000 005 2
Alpha-S1-casein	S^{130}	5. 085 193	2. 704 84	0. 000 007 0
Alpha-S1-casein	S^{63}	3. 418 999	2. 433 53	0. 000 109
Alpha-S1-casein	S^{61}	3. 418 999	2. 433 53	0. 000 109
KAP6. 1	S^{51}	0. 425 517	2. 068 28	0. 001 049
Protein S100	Y^{25}	0. 170 014	2. 570 88	0. 030 269
Protein S100	S^{98}	0. 476 378	1. 927 14	0. 001 89
KRTAP13. 1	S^{125}	2. 403 29	1. 940 58	0. 036 51
KRTAP13. 1	S^{140}	2. 042 596	1. 764 38	0. 0384 56
TBC1 domain family member 30	S^{615}	2. 185 244	1. 984 77	0. 001 449
Plastin-2	S^{6}	0. 437 23	1. 990 23	0. 007 71
NTPaseKAP family P-loop domain containing 1	S^{738}	0. 481 116	1. 945 51	0. 000 151
PR domain zinc finger protein 1	S^{665}	2. 032 34	1. 846 88	0. 009 124
PR domain zinc finger protein 1	S^{609}	2. 000 0	1. 866 41	0. 002 897
Exon 5	S^{339}	2. 099 174	1. 951 97	0. 000 389
Alpha-crystallin B chain	T^{170}	2. 427 184	1. 950 91	0. 033 575
ubiquitin carboxyl-terminal hydrolase 2 isoform Usp2-69	S^{70}	2. 171 247	1. 938 96	0. 007 626
K38	T^{60}	2. 101 292	1. 876 01	0. 012 532
K38	S^{134}	2. 378 378	1. 957 17	0. 029 535
keratin, type II cytoskeletal 72	S^{111}	2. 248 511	1. 963 91	0. 008 325
Calponin	S^{241}	2. 093 863	1. 920 95	0. 002 224
prelamin-A/C	T^{20}	0. 470 228	1. 977 53	0. 000 02
60S ribosomal protein L26	S^{23}	2. 241 491	2. 020 18	0. 001 017

（续表）

蛋白质名称	Amino acid	C/S FC	C/S VIP	C/S P
histone H1t	S^{42}	0. 397 624	2. 150 18	0. 000 342
Protein transport protein Sec61 subunit beta	S^{17}	0. 432 084	2. 059 27	0. 000 549
Phospholipase A2	S^{111}	2. 409 091	2. 098 11	0. 001 027
C1orf116	S^{490}	2. 367 003	2. 056 79	0. 002 267
Phospholipase A2	S^{113}	2. 221 805	1. 922 95	0. 017 295
Adenylate kinase 2	S^{146}	0. 472 509	1. 974 05	0. 000 03

三、讨论

（一） K38

K38 属于 I 型（酸型）角蛋白，在氨基酸结构上 K38 存在较多的甘氨酸，K38 的头部区域有许多丙氨酸和甘氨酸残基。研究发现 K38 分布于人的毛发和羊毛的皮质层和髓质层。Yu 等人研究发现 KRT38 基因在绵羊毛囊正皮质层中表达，在次级毛囊中不对称表达，与毛囊弯曲有关，提示 K38 在毛囊和毛纤维形态的确定中起重要作用。对多个角蛋白多态性与羊毛性状关联性分析发现，KRT38 的 3 个基因型与羊毛卷曲数显著相关，因此 KRT38 可以作为羊毛性状的重要候选基因。

根据 NCBI 数据库提供的 K38 序列，发现 K38 可能有 44 个位点发生磷酸化修饰，在本试验中，对二毛期滩羊弯曲毛与直毛的差异磷酸化修饰研究中发现，直毛中 K38 的 T^{60} 和 S^{134} 处在磷酸化修饰显著高于弯曲毛，因此推测 K38 的 T^{60} 和 S^{134} 的磷酸化修饰可能会影响羊毛弯曲的形成。

（二） KAP6. 1

绵羊 KRTAP6 基因家族发现 5 个家族成员，属于 HGT-KAP 蛋白家族。其中 KRTAP6.1 有 5 个等位基因，位于绵羊的 1 号染色体上，其蛋白在羊毛的正皮质细胞层中表达。研究表明，毛发的弯曲与皮质层正副皮质细胞密切相关，当正皮质细胞的增加，毛发的高度弯曲度较少。Tao 等在滩羊中发现，KRTAP6.1 等位基因影响滩羊二毛期羊毛的弯曲数和纤维伸直长度。Zhou 等在美利奴羊上的研究发现，*KRTAP*6.1 缺失 57 个 bp 的变异基因会显著影响羊毛纤维的直径。Li 等人在无弯曲的美利奴羊毛中发现 HGT-KAPs 表达量显著降低。Matsunaga 认为 HGT-KAPs 是调节 IFs 排列的生物因子，IF 嵌入由 KAP 组成的丝状基质中。研究发现，在正皮质中，IF 呈螺旋状排列，螺旋角从大原纤维的中心向周围逐渐增加，这与副皮质和中皮质中平行排列的模式不同，正皮质中 IF 的螺旋角与纤维曲率有关。但 HGT-KAPs 在纤维基质层的作用还尚未可知。本试验中在对直毛与弯曲毛磷酸化差异蛋白的比对时，发现弯曲毛中 KAP6.1 蛋白的 S^{51} 位点发生化磷酸修饰显著高于直毛中，则表明 KAP6.1 在这两个位点的磷酸化修饰可能会影响羊毛的弯曲。

（三）KAP13.1

研究发现 *KRTAP*13.1 位于绵羊的 1 号染色体上，*KRTAP*13 家族有 4 个家族成员。KAP13.1 属于 HS-KAP，主要在羊毛的皮质层和角质层表达，可能对毛发髓腔的形成起重要作用。有人认为 KAP13.1 是纤维角质化早期的关键蛋白，该蛋白的增加与正、副皮质的相对比例有关，可能影响羊毛的卷曲。Almedia 等人采用 iTRAQ 技术研究了限制饲喂对羊毛蛋白质组的影响，发现 KAP13.1 在营养缺乏的条件下高表达，认为可能是由于缺乏半胱氨酸导致羊毛纤维强度减弱。

本研究发现，在直毛中 KAP13.1 蛋白的 S^{125} 和 S^{140} 位点发生化磷酸修饰显著高于弯曲毛中，说明这两个 KAP13.1 的磷酸化修饰位点可能影响羊毛弯曲的形成，具体功能作用机制还需进一步研究。

（四）KAP2.4

根据氨基酸序列的相似性，KAP2.4 属于 HS-KAP 蛋白家族。目前，绵羊中未发现 *KRTAP*2.4 基因。发现它位于人类 17 号染色体上，并在人发皮层中表达。据报道，KAP2.4 在白色美利奴羊中高度表达，白色美利奴羊毛的纤维直径和曲率标准偏差小于黑色美利奴羊，表明 KAP2.4 可能影响白色美利奴羊毛的纤维直径和曲率。本研究发现，弯曲羊毛中 KAP2.4 蛋白的 S^{47} 位点显著高于直羊毛，说明 KAP2.4 的磷酸化位点影响羊毛弯曲的形成。

四、结论

通过基于磷酸化蛋白质修饰技术对滩羊二毛期与初生期毛发纤维差异表达蛋白比较分析发现，毛发纤维蛋白的磷酸化修饰位点发生在丝氨酸、酪氨酸和苏氨酸上，主要修饰肽基序为_ S_ PxR。K38 蛋白的 T^{60} 和 S^{134} 和 KAP13.1 蛋白的 S^{125} 和 S^{140} 磷酸化修饰在直毛中显著高于弯曲毛，而 KAP2.4 蛋白的 S^{49} 和 KAP6.1 蛋白的 S^{51} 处磷酸化修饰在弯曲毛中显著高于直毛，这些差异蛋白可能影响羊毛直毛与弯曲毛的形成。

第九章　蛋氨酸对滩羊羊毛及毛囊发育的影响

近年来，滩羊饲养由放牧转为舍饲，且主要以秸秆类单一粗饲料饲养，造成营养物质摄入不均衡，同时由于饲养管理模式欠缺、农户们专业知识薄弱等综合因素导致滩羊毛品质的下降。羊毛蛋白质含有丰富的含硫氨基酸，其中胱氨酸占含硫氨基酸的95%以上，要维持羊毛快速生长，需为绵羊提供足量的胱氨酸。绵羊体内的胱氨酸主要从胃肠中吸收，也可以通过转硫代谢途径由蛋氨酸转化而来。蛋氨酸的主要作用是为羊毛蛋白质合成提供胱氨酸。蛋氨酸作为羊毛生长过程中蛋白质合成的主要限制性氨基酸，对羊生长性能的提高和饲粮营养物质的消化吸收有重要作用。为改善反刍动物对饲料营养物质的吸收利用，进一步从过瘤胃保护性进行研究。过瘤胃氨基酸主要是通过一些无毒无害的方法保护氨基酸以降低氨基酸在反刍动物瘤胃中的降解，从而达到反刍动物对氨基酸充分吸收利用的效果。在绵羊日粮中添加蛋氨酸对羊毛生长具有很好的促进作用。本研究在滩羊饲粮中添加过瘤胃蛋氨酸，探讨其对滩羊羊毛中氨基酸含量及毛品质的影响，为进一步提升滩羊养殖效益提供科学依据。

一、材料与方法

（一）材料

宁夏盐池滩羊育种场选择健康状况良好、体重相近及出生日期接近的滩羊断奶公羔羊60只，随机分为3组，分别为对照组（0%过瘤胃蛋氨酸）、0.5%过瘤胃蛋氨酸组、1%过瘤胃蛋氨酸组，每组20只。预饲期15 d，正饲期60 d。基础饲粮参照NRC肉羊营养需要和《肉羊饲养标准》（NY/T 816—2004）配制，饲粮组成及营养水平见表9-1所示。

表9-1　饲粮组成及营养水平

原料名称	0%过瘤胃蛋氨酸	0.5%过瘤胃蛋氨酸	1%过瘤胃蛋氨酸
玉米	270.1	265.1	260.1
麦芽根	57.1	57.1	57.1
豆粕43	20	20	20
棉粕46	10.3	10.3	10.3
喷浆玉米皮	50	50	50
稻壳粉	60.5	60.5	60.5
玉米胚芽粕	150	150	150
葵壳粉	150	150	150
麸皮	128.1	128.1	128.1
DDGS	50	50	50
蛋氨酸	0	5	10
预混料	53.9	53.9	53.9
合计	1 000	1 000	1 000

注：预混料包括维生素、矿物质微量元素和其他添加剂

预混料为每千克饲粮提供：维生素 A 15 000 IU、维生素 D 2 750 IU、维生素 E 62.5 IU、维生素 K₄ 0.65 mg、硫胺素 0.75 mg、核黄素 3 mg、烟酸 3.63 mg、氯化胆碱 100 mg、泛酸钙 2.23 mg、吡哆醇 4 mg、生物素 2 mg、叶酸 3.63 mg、维生素 B₁₂ 0.21 mg、维生素 C 2 mg、锌 40 mg、铁 70 mg、铜 8 mg、锰 60 mg、碘 0.35 mg、硒 0.15 mg、乙氧喹啉 80mg

1. 饲养管理

试验羊分圈单独饲养，精、粗料混合饲喂，分别在上午7时和下午5时分2次饲喂，自由饮水，试验期间每天记录剩料量。

2. 毛样采集及测定

在试验开始前采集滩羊毛样（在试验羊左侧部肩胛骨后缘划出 10cm×10cm 面积，将羊毛沿基部剪掉），饲喂2个月后按照前面方法采集毛样。将采集的样品装入信封带回试验室备用。

（1）毛样氨基酸含量的测定。毛样氨基酸含量的测定参照《饲料中氨基酸

的测定》（GB/T 18246—2000）和《饲料中含硫氨基酸的测定　离子交换色谱法》（GB/T 15399—2018）。

（2）羊毛物理性状测定。按羊号分装采集好的羊毛样本，用一只手捏住羊毛毛稍处在手指上绕两圈固定，另一只手用密齿梳仔细将绒毛从毛根处梳下，反复检查已经分离出的细毛中是否掺杂粗毛，将其中掺杂的粗毛用镊子挑出来。最后将分离好的粗毛和细毛重新按照编号分类分装。毛长和弯曲数为手工测量。

羊毛伸直长度：伸直长度采用单根纤维测量法，把试验样品毛放在黑色绒布上，使测量尺与毛样一端对齐，与试验样品平行放置，然后用镊子在其中随机抽取毛样，慢慢拉直，直到毛弯曲度刚好消失时，对比测尺，测量毛样的伸直长度并做好记录。

羊毛弯曲数的测定：把试验样品毛放在黑色绒布上，使羊毛处在自然状态下并数出弯曲的个数（单边弯取数）。

平均纤维曲率、平均纤维直径、纤维直径变异系数和纤维直径标准偏差均由新西兰羊毛检测有限公司测定。

3. 皮肤样品制备与测定

对上述实验各阶段采集的滩羊样品进行形态学观察，将组织块切成1cm×1cm×0.6cm大小，4%多聚甲醛磷酸盐缓冲液固定，将组织块放在小烧杯中用流水冲洗24h，冲洗过程中用纱布裹住小烧杯以防组织块被水冲走，梯度酒精脱水，二甲苯透明，之后组织块浸蜡，EPON812自动包埋机进行包埋，LKB8800型超薄切片机连续切片（4μm），摊片、烘片制成石蜡切片，切片梯度酒精脱蜡后，将切片放入苏木精染液中1min，流水冲洗2次，每次5min，待切片返蓝后，用伊红染液染色1min，梯度酒精脱水后，二甲苯透明20min，用中性树脂封片。

（二）方法

1. 图像分析及数据处理

毛囊密度统计，NIKON ECLIPSE 80i显微摄像系统进行照相。分别选取3个组各个阶段的H.E横切切片9张，在100倍视野下，每个切片随机选择8张视野中具有完整毛囊群的图片，采用Image-J图像分析软件统计初级毛囊（PF）密度，次级毛囊（SF）密度以及计算初级毛囊与次级毛囊比例（S/P）。

2. 数据处理

数据处理用 Excel 2007 记录试验数据，通过 SPSS 22 的利用 Ducnan 法进行单因素方差分析。

二、结果与分析

（一）添加过瘤胃蛋氨酸对羊毛氨基酸含量的影响

由表 9-2 可知，饲喂不同含量过瘤胃蛋氨酸 2 个月前后对比，在第一组中，天门冬氨酸、甘氨酸、异亮氨酸、亮氨酸、苯丙氨酸均存在显著差异（$P<0.05$）且含量显著降低；在第二组中，各氨基酸含量均无显著差异（$P>0.05$），其中甘氨酸、异亮氨酸、组氨酸、脯氨酸有升高的趋势，其他氨基酸均有下降趋势；在第三组中，天门冬氨酸、谷氨酸、蛋氨酸在饲喂前后均存在显著差异（$P<0.05$），异亮氨酸、亮氨酸、苯丙氨酸在饲喂前后存在极显著性差异（$P<0.01$）。

本次试验研究得出，在不添加过瘤胃蛋氨酸的情况下饲喂 2 个月后，天门冬氨酸、甘氨酸、异亮氨酸、亮氨酸、苯丙氨酸的含量显著低于 2 个月前，说明羊毛中氨基酸的含量随着滩羊的生长发育而降低，随着羔羊日龄的增加羊毛中氨基酸的含量降低从而影响羊毛的品质。再对比第二组，蛋氨酸的含量有升高的趋势，添加过瘤胃蛋氨酸可增加羊毛中蛋氨酸的含量，其他氨基酸的含量无显著的差异，说明补充蛋氨酸对其他氨基酸的含量有平衡的作用。因为滩羊在生长发育的过程中羊毛中氨基酸的含量降低，影响滩羊的品质，而添加过瘤胃蛋氨酸可以弥补这一缺陷。在对比第三组可知，羊毛中氨基酸的含量也相对降低，这也说明添加过多的过瘤胃蛋氨酸反而对羊毛的生长不利。

表 9-2　饲粮中添加过瘤胃蛋氨酸对滩羊羊毛氨基酸的影响

| | 0%过瘤胃蛋氨酸 | | 0.5%过瘤胃蛋氨酸 | | 1%过瘤胃蛋氨酸 | |
	饲喂前	饲喂后	饲喂前	饲喂后	饲喂前	饲喂后
色氨酸	0.40±0.03	0.38±0.01	0.41±0.03	0.39±0.02	0.40±0.02	0.39±0.01
天门冬氨酸	5.22±0.15a	4.77±0.22b	5.22±0.45	4.97±0.14	5.19±0.17a	4.92±0.13b
苏氨酸	4.76±0.16	4.50±0.24	4.81±0.36	4.71±0.19	4.80±0.16	4.78±0.13

（续表）

	0%过瘤胃蛋氨酸		0.5%过瘤胃蛋氨酸		1%过瘤胃蛋氨酸	
	饲喂前	饲喂后	饲喂前	饲喂后	饲喂前	饲喂后
丝氨酸	6.98±0.19	6.65±0.34	7.00±0.47	6.86±0.24	6.86±0.16	6.96±0.14
谷氨酸	11.39±0.34	10.58±0.59	11.34±0.93	11.06±0.33	11.37±0.54a	10.92±0.17b
甘氨酸	3.39±0.05a	3.21±0.12b	3.39±0.32	3.43±0.02	3.39±0.18	3.31±0.06
丙氨酸	3.06±0.13	2.86±0.13	3.09±0.29	3.06±0.14	3.15±0.12	2.99±0.06
缬氨酸	4.14±0.16	3.87±0.21	4.21±0.39	4.01±0.22	4.20±0.18	4.05±0.08
异亮氨酸	2.68±0.05a	2.47±0.12b	2.56±0.14	2.59±0.08	2.74±0.07A	2.55±0.03B
亮氨酸	6.06±0.17a	5.57±0.28b	6.05±0.49	5.81±0.14	6.24±0.18A	5.71±0.14B
酪氨酸	3.39±0.11	3.21±0.14	3.45±0.27	3.37±0.06	3.54±0.25	3.29±0.06
苯丙氨酸	2.51±0.07a	2.30±0.08b	2.56±0.21	2.40±0.10	2.56±0.08A	2.34±0.06B
组氨酸	1.32±0.18	1.27±0.09	1.36±0.04	1.42±0.11	1.32±0.07	1.34±0.08
赖氨酸	2.66±0.12	2.46±0.13	2.66±0.24	2.53±0.06	2.63±0.08	2.50±0.09
精氨酸	7.55±0.22	7.03±0.40	7.59±0.63	7.30±0.28	7.55±0.22	7.33±0.12
脯氨酸	4.40±0.12	4.17±0.24	4.34±0.30	4.63±0.29	4.40±0.02	4.40±0.09
胱氨酸	7.55±0.23	7.77±0.46	7.91±0.42	7.79±0.41	7.92±0.21	7.75±0.36
蛋氨酸	0.46±0.01	0.45±0.03	0.49±0.01	0.47±0.03	0.48±0.02a	0.44±0.02b

注：各组饲喂前后同一行未标有字母表示差异不显著（$P>0.05$），标有不同小写字母表示差异显著（$P<0.05$），标有不同大写字母表示差异极显著（$P<0.01$）

（二）添加过瘤胃蛋氨酸后对各组羊毛氨基酸含量的影响

由表9-3可知，在饲喂过瘤胃蛋氨酸后，3组羊毛中氨基酸测定发现甘氨酸在第一组与第二组间存在极显著差异（$P<0.01$），丙氨酸、酪氨酸和脯氨酸这3种氨基酸在第一组与第二组间存在显著差异（$P<0.05$），其他各组之间差异不显著，且第二组显著高于第一组。含硫氨基酸（胱氨酸和蛋氨酸）在各组之间差异不显著（$P>0.05$），但第二组相比其他两组蛋氨酸含量有上升趋势。8种必需氨基酸（色氨酸、苏氨酸、缬氨酸、异亮氨酸、亮氨酸、苯丙氨酸、赖氨酸和蛋氨酸）的含量无显著差异，但均有升高的趋势（$P>0.05$）。

表 9-3　饲喂过瘤胃蛋氨酸后各组羊毛氨基酸含量分析

氨基酸	0%过瘤胃蛋氨酸	0.5%过瘤胃蛋氨酸	1%过瘤胃蛋氨酸
色氨酸	0.38±0.01	0.39±0.02	0.39±0.01
天门冬氨酸	4.77±0.22	4.97±0.14	4.92±0.13
苏氨酸	4.50±0.24	4.71±0.19	4.78±0.13
丝氨酸	6.65±0.34	6.86±0.24	6.96±0.14
谷氨酸	10.58±0.59	11.06±0.33	10.92±0.17
甘氨酸	3.21±0.12[B]	3.43±0.02[A]	3.31±0.06[AB]
丙氨酸	2.86±0.13[b]	3.06±0.14[a]	2.99±0.06[ab]
缬氨酸	3.87±0.21	4.01±0.22	4.05±0.08
异亮氨酸	2.47±0.12	2.59±0.08	2.55±0.03
亮氨酸	5.57±0.28	5.81±0.14	5.71±0.14
酪氨酸	3.21±0.14[b]	3.37±0.06[a]	3.29±0.06[ab]
苯丙氨酸	2.30±0.08	2.40±0.08	2.34±0.06
组氨酸	1.27±0.09	1.42±0.11	1.34±0.08
赖氨酸	2.46±0.13	2.53±0.06	2.50±0.09
精氨酸	7.03±0.40	7.30±0.28	7.33±0.12
脯氨酸	4.17±0.24[b]	4.63±0.29[a]	4.40±0.09[ab]
胱氨酸	7.77±0.46	7.79±0.41	7.75±0.36
蛋氨酸	0.45±0.03	0.47±0.03	0.44±0.02

注：同一行未标有字母表示差异不显著（$P>0.05$），标有不同小写字母表示差异显著（$P<0.05$），标有不同大写字母表示差异极显著（$P<0.01$）

（三）添加过瘤胃蛋氨酸后对各组羊毛品质的影响

由表 9-4 可知，饲喂过瘤胃蛋氨酸后第三组的平均曲率显著低于第一组（$P<0.05$），其他指标无显著差异（$P>0.05$）。其中滩羊毛平均直径、毛纤维长度、平均纤维生长速度以及平均弯曲数均有增加的趋势，第二组各指标值最大，第三组值居中，第一组值最小；平均直径标准偏差和平均直径变异系数均呈现降低的趋势，由此可看出在添加过瘤胃蛋氨酸后羊毛直径均一性变好，但弯曲数有增加的趋势。

表 9-4　饲粮中添加过瘤胃蛋氨酸对滩羊羊毛品质的影响

性状	0%过瘤胃蛋氨酸	0.5%过瘤胃蛋氨酸	1%过瘤胃蛋氨酸
直径（μm）	22.06±3.60	22.48±3.08	22.34±3.42
直径标准偏差	10.44±2.49	10.40±2.56	9.88±2.18
直径变异系数	45.58±7.34	44.95±6.53	43.76±7.14
纤维长度（mm）	37.74±4.59	38.75±3.29	38.40±3.08
纤维生长速度（mm）	0.63±0.07	0.64±0.06	0.64±0.05
曲率（o/mm）	51.42±4.36[a]	48.62±6.84[ab]	47.83±5.16[b]
弯曲数（个）	1.96±0.79	2.20±0.91	2.19±0.94

注：同一行未标有字母表示差异不显著（$P>0.05$），标有不同小写字母表示差异显著（$P<0.05$），标有不同大写字母表示差异极显著（$P<0.01$）

（四）不同含量的蛋氨酸对滩羊毛囊密度的影响

滩羊皮肤毛囊根据发生时间与结构特征分为初级毛囊与次级毛囊两类（图 9-1 之 A）。初级毛囊发生较早，毛球直径较大，有 2 个完整的皮脂腺以及汗腺等附属结构。次级毛囊发生较晚，毛球直径较小，有且仅有 1 个皮脂腺，无汗腺等结构。滩羊皮肤毛囊成群分布，在每一个毛囊群中，若干个直径较小的次级毛囊有规律地围绕在初级毛囊一侧形成一个完整的毛囊群，一般一个完整的毛囊群由 1 个初级毛囊、5~9 个次级毛囊、1 个汗腺等结构组成（图 9-1 之 B）。毛囊的末端膨胀成球状结构，即毛球，毛球的结构包括连结组织鞘、毛乳头、毛母质、外根鞘与内根鞘（图 9-1 之 C）。初级毛囊的结构从外到内分别为连结组织鞘、外根鞘、内根鞘、皮质层及髓质层。而次级毛囊除不具有髓质层外，结构与初级毛囊相似（图 9-1 之 A）。

由表 9-5 可知，随着试验期的进行，3 组滩羊的初级毛囊密度均显著下降。对于次级毛囊来说，对照组中的滩羊次级毛囊密度呈现先增大后减小的趋势，0.5%过瘤胃蛋氨酸组中滩羊次级毛囊密度显著下降，在 1%过瘤胃蛋氨酸组中滩羊的次级毛囊密度呈先减小后增大的趋势。相比对照组而言，随着年龄的增长试验组中的滩羊次级毛囊密度均小于对照组，说明蛋氨酸对滩羊次级毛囊密度影响较大。在 S/P 值中，对照组中滩羊的 S/P 值先增加后趋于稳定，试验组中均呈现为先减小后增大的趋势。

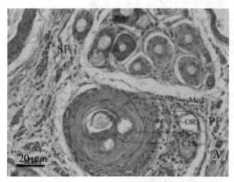
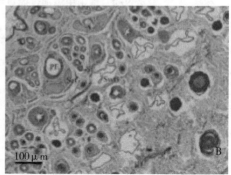
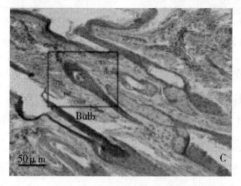

图 9-1　滩羊皮肤毛囊结构

A. 滩羊皮肤苏木精-伊红染色，标尺示 20μm　　B. 滩羊皮肤苏木精-伊红图片，标尺示 100μm

C. 滩羊皮肤苏木精-伊红染色，标尺示 50μm

PF. 初级毛囊　SF. 次级毛囊　SeG. 皮脂腺　SwG. 汗腺　CTS. 连结组织鞘　ORS. 外根鞘

IRS. 内根鞘　CTX. 皮质层　Med. 髓质层　DP. 毛乳头　Bulb. 毛球　HM. 毛母质

　　在本研究中，从毛囊 S/P 值的变化中可以看出，添加过瘤胃蛋氨酸的毛囊
S/P 值较对照组而言均是先减小后增大的趋势，说明添加过瘤胃蛋氨酸对于滩羊
毛囊密度有较大的影响。从表 9-5 可以看出，过瘤胃蛋氨酸对初级毛囊密度影响
效果不明显，而对于次级毛囊密度有较大的影响。与对照组相比较，添加 0.5%
过瘤胃蛋氨酸组的滩羊随着实验的进程次级毛囊密度逐渐降低，而饲喂添加 1%
过瘤胃蛋氨酸组滩羊随着实验的进程次级毛囊密度呈先减小后增大的趋势，说明
过瘤胃蛋氨酸对于滩羊毛囊密度的影响主要是对于次级毛囊的影响。

表9-5　不同分组、不同阶段滩羊皮肤毛囊密度参数

类型	实验期	对照组	0.5%蛋氨酸组	1%蛋白酸组
初级毛囊密度	实验开始	$12.97^a \pm 0.92$	$13.10^a \pm 0.89$	$13.17^a \pm 0.89$
	正饲1个月	$10.91^b \pm 0.89$	$11.63^b \pm 1.45$	$12.09^b \pm 0.92$
	实验结束	$9.84^c \pm 0.79$	$10.08^c \pm 0.61$	$10.36^c \pm 1.31$
次级毛囊密度	实验开始	$129.28^c \pm 2.57$	$128.42^a \pm 2.56$	$127.37^a \pm 3.66$
	正饲1个月	$180.77^a \pm 3.76$	$99.71^b \pm 3.18$	$90.03^b \pm 4.47$
	实验结束	$165.15^b \pm 3.42$	$90.54^c \pm 2.71$	$118.98^c \pm 3.96$
S/P 值	实验开始	$10.01^b \pm 0.70$	$9.84^a \pm 0.59$	$9.71^c \pm 0.70$
	正饲1个月	$16.66^a \pm 1.30$	$8.69^b \pm 1.02$	$7.47^b \pm 0.37$
	实验结束	$16.88^a \pm 1.36$	$9.00^b \pm 0.45$	$11.48^a \pm 1.48$

注：同列数据肩标不同表示差异显著（$P<0.05$），肩标相同表示差异不显著

（五）不同含量的蛋氨酸对滩羊毛囊参数的影响

由表9-6可知，3个组的滩羊初级毛囊直径是逐渐增大的过程，试验组中的初级毛囊直径也是逐渐增大的趋势，其中0.5%过瘤胃蛋氨酸组的增长较其余两组明显。对次级毛囊来说，3个组滩羊的次级毛囊直径为先增加后减小的趋势，其中0.5%过瘤胃蛋氨酸组的增长较其余两组明显。

与对照组相比较，随着月龄的增长，日粮中添加过瘤胃蛋氨酸的滩羊初级毛囊直径增长趋势明显高于未添加的滩羊个体，说明过瘤胃蛋氨酸能够提高滩羊初级毛囊直径，其中饲喂日粮添加0.5%过瘤胃蛋氨酸组的滩羊个体效果最明显。而对于次级毛囊直径来说，随着年龄的增长次级毛囊直径均为先增大后减小的趋势，其中饲喂日粮添加0.5%过瘤胃蛋氨酸组的次级毛囊密度有一个比较明显的变化趋势，可以说明饲喂日粮添加0.5%过瘤胃蛋氨酸组对滩羊毛囊直径的影响较为明显。

表9-6　不同分组、不同阶段滩羊皮肤毛囊性状参数

类型	实验期	对照组	0.5%蛋氨酸组	1%蛋白酸组
初级毛囊直径	实验开始	$80.95^b \pm 6.42$	$83.23^b \pm 7.52$	$89.01^b \pm 6.92$
	正饲1个月	$105.01^b \pm 9.57$	$118.66^b \pm 7.52$	$109.39^b \pm 8.92$
	实验结束	$108.28^a \pm 10.72$	$123.22^a \pm 7.65$	$112.87^a \pm 8.89$

(续表)

类型	实验期	对照组	0.5%蛋氨酸组	1%蛋白酸组
	实验开始	$35.40^b \pm 5.70$	$35.36^b \pm 5.12$	$34.86^a \pm 5.26$
次级毛囊直径	正饲1个月	$39.28^a \pm 4.82$	$43.74^a \pm 5.84$	$38.11^a \pm 7.60$
	实验结束	$34.98^b \pm 4.85$	$32.48^b \pm 5.36$	$36.10^b \pm 5.29$

注：同列数据肩标不同表示差异显著（$P<0.05$），肩标相同表示差异不显著

三、讨论

（一）添加过瘤胃蛋氨酸对羊毛氨基酸的影响

本次试验研究得出在不添加过瘤胃蛋氨酸的情况下饲喂2个月后，天门冬氨酸、甘氨酸、异亮氨酸、亮氨酸、苯丙氨酸的含量显著低于2个月前，说明羊毛中氨基酸的含量随着滩羊的生长发育而降低，随着羔羊日龄的增加羊毛中氨基酸的含量降低从而影响羊毛的品质。再对比第二组，蛋氨酸的含量有升高的趋势，添加过瘤胃蛋氨酸可增加羊毛中蛋氨酸的含量，其他氨基酸的含量无显著的差异，说明补充蛋氨酸对其他氨基酸的含量有平衡的作用。因为滩羊在生长发育过程中羊毛中氨基酸含量降低，影响滩羊毛的品质，而添加过瘤胃蛋氨酸可以弥补这一缺陷。在对比第三组可知，羊毛中氨基酸的含量也相对降低，这也说明添加过多的过瘤胃蛋氨酸反而对羊毛的生长不利。

卢玉飞等在给内蒙古白绒山羊补饲不同形式的蛋氨酸试验中，发现过瘤胃蛋氨酸能够显著提高羊绒中必需氨基酸的含量（$P<0.05$）。本试验得出在添加过瘤胃蛋氨酸后必需氨基酸的含量差异不显著（$P>0.05$），但必需氨基酸的含量均升高。这种情况说明添加过瘤胃蛋氨酸可以增加羊毛中必需氨基酸的含量，过瘤胃蛋氨酸的添加量可在不同品种羊上做进一步研究。谢实勇等在给绒山羊添加包被蛋氨酸的试验中发现羊绒中单个氨基酸含量、总氨基酸量和含硫氨基酸量（胱氨酸和蛋氨酸）无显著差异（$P>0.05$），但包被蛋氨酸提高了羊绒总氨基酸和含硫氨基酸含量。Bassett在安哥拉山羊上也得到添加过瘤胃蛋氨酸可使羊毛氨基酸含量增加。这与本次试验结果一致。本次试验在第二组中得出，胱氨酸和蛋氨酸的含量无显著差异（$P>0.05$），但均有上升趋势，而且羊毛中各氨基酸的含量最

大，给断奶羔羊补充蛋氨酸可增加羊毛中各个氨基酸的含量。而由第三组对比得出，羊毛氨基酸含量有增加，但相比第二组氨基酸含量较低。说明蛋氨酸添加适量可增加羊毛中的氨基酸含量，但是如果蛋氨酸添加量超过一定范围，羔羊不能吸收利用，由此羊毛中氨基酸含量反而会降低。添加 5% 过瘤胃蛋氨酸后羊毛氨基酸的含量增加了。

（二）添加过瘤胃蛋氨酸对羊毛品质的影响

Souri 等和 Galbrainth 以绒山羊和安哥拉山羊为研究对象，发现添加过瘤胃保护蛋氨酸可使小肠有效吸收蛋氨酸，可显著提高毛纤维的产量和增加毛纤维直径（$P<0.05$）。孙若芸等在兔子的研究中发现，毛皮动物出生后，氨基酸等营养物质主要提高毛的长度和毛纤维的直径。Mata-G 等在美利奴羊的研究中得出，随着饲料中蛋氨酸含量增加，羊毛产量、纤维直径均增加。Souri 等和谢实勇在绒山羊上的研究表明，添加保护性过瘤胃蛋氨酸对山羊绒纤维直径差异不显著（$P>0.05$）。周玉香等在滩羊中研究得出日粮添加 4g 过瘤胃蛋氨酸后羊毛细度无显著差异（$P>0.05$）。Moore 在羊驼的研究中得出添加过瘤胃蛋氨酸对毛纤维的直径无显著影响（$P>0.05$）。与本次试验结果一致。本次试验得出在添加过瘤胃蛋氨酸后滩羊毛的直径无显著差异（$P>0.05$），但是羊毛的直径有增大的趋势，而且在添加过瘤胃蛋氨酸后滩羊毛的平均直径标准偏差和平均直径变异系数均呈现降低的趋势，表明羊毛直径的均一性得到改善。但是刘丽丽等的研究表明，在绒山羊日粮中添加过瘤胃氨基酸 10g 羊绒细度没有显著差异（$P>0.05$），但直径有降低的趋势，这可能与羊的品种、饲喂过瘤胃蛋氨酸的方式以及饲养地域等不同有关。

Baldwin 在多塞特母羊的研究中发现，添加过瘤胃蛋氨酸对毛纤维长度无显著差异（$P>0.05$）。Moore 在羊驼的研究中得出添加过瘤胃蛋氨酸对毛纤维长度无显著差异（$P>0.05$）。本次试验得出在饲料中添加过瘤胃蛋氨酸后，滩羊毛的纤维长度和平均生长速度均无显著差异，但有升高趋势（$P>0.05$）。斯钦研究证明，在绵羊日粮中添加动物油脂包被蛋氨酸，可明显提高绵羊的羊毛生长速度（$P<0.05$）。刘丽丽等研究在给内蒙古白绒山羊饲料中添加过瘤胃蛋氨酸试验中，发现过瘤胃蛋氨酸能够显著提高山羊绒的生长速度（$P<0.05$）和羊绒长度（$P<$

0.05）。在滩羊饲粮中添加 4g 过瘤胃蛋氨酸后，羊毛自然长度和伸直长度显著提高（$P<0.05$）。White 等研究表明，在美利奴羊日粮中添加过瘤胃蛋氨酸，平均羊毛生长速度提高 18%，这可能与试验的季节、试验羊的品种、羊的年龄、饲养环境以及所处地理位置等都有着很大的关系。

本试验得出在添加过瘤胃蛋氨酸后，第三组的滩羊毛的曲率显著降低（$P<0.05$），第二组滩羊毛的曲率无显著差异（$P>0.05$），说明过瘤胃蛋氨酸的添加可降低滩羊毛的曲率。滩羊毛的弯曲数无显著差异（$P>0.05$），但弯曲数有增加的趋势。这部分内容后期可做进一步研究。

（三）过瘤胃蛋氨酸对滩羊毛囊发育的影响

毛囊是控制羊毛生长的关键因素。初级毛囊由于发生较早、直径较大主要形成粗毛，次级毛囊因发生较晚、分化迟，多围绕初级毛囊成群分布。

在本研究中，从毛囊 S/P 值的变化中可以看出，添加过瘤胃蛋氨酸的毛囊 S/P 值较对照而言均是先减小后增大的趋势，说明添加过瘤胃蛋氨酸对于滩羊毛囊密度有较大的影响。从表 9-5 可以看出，过瘤胃蛋氨酸对初级毛囊密度影响效果不明显，而对于次级毛囊密度有较大的影响。与对照组相比添加 0.5% 过瘤胃蛋氨酸组的滩羊随着实验的进程次级毛囊密度逐渐降低，而饲喂添加 1% 过瘤胃蛋氨酸组滩羊随着实验的进程次级毛囊密度呈先减小后增大的趋势，说明过瘤胃蛋氨酸对于滩羊毛囊密度的影响主要是对于次级毛囊的影响。

从表 9-6 可以看出，与对照组相比，随着月龄的增长，日粮添加过瘤胃蛋氨酸的滩羊初级毛囊直径增长趋势明显高于未添加的滩羊个体，说明过瘤胃蛋氨酸能够提高滩羊初级毛囊直径，这与前人的研究结果一致，其中饲喂日粮添加 0.5% 过瘤胃蛋氨酸组的滩羊个体效果最明显。而对于次级毛囊直径来说，随着年龄的增长次级毛囊直径均呈现先增大后减小的趋势，其中饲喂日粮添加 0.5% 过瘤胃蛋氨酸组的次级毛囊密度有一个比较明显的变化趋势，可以说明饲喂日粮添加 0.5% 过瘤胃蛋氨酸组对滩羊毛囊直径的影响较为明显。

四、结论

滩羊饲粮中添加过瘤胃蛋氨酸不仅使含硫氨基酸的含量增加，而且可有效改善羊毛中的氨基酸含量，能增加滩羊毛的直径、弯曲数、平均纤维长度、平均纤维生长速度及降低滩羊毛的曲率，改善滩羊毛直径的均一性。本研究结果表明，在滩羊饲料中添加 0.5% 的过瘤胃蛋氨酸效果最好。

应用苏木精-伊红染色，在不同分组、不同年龄段滩羊中的分布特征，并结合形态计量学统计过瘤胃蛋氨酸对于滩羊皮肤毛囊发育的影响，结果发现过瘤胃蛋氨酸对于滩羊皮肤初级毛囊密度影响不大，可以降低滩羊次级毛囊密度，对于滩羊毛囊密度的影响主要集中在次级毛囊密度方面，以及可以提高滩羊的毛囊直径。

参考文献

白玲荣，杨佐青，陶金忠. 2018. 滩羊羊毛蛋白质双向电泳图谱体系的建立及优化 [J]. 中国草食动物科学 (1)：18-22.

柏妍，田可川，田月珍，等. 2015. 中国美利奴羊（新疆型）羊毛纤维直径与鉴定性状的相关分析 [J]. 现代畜牧兽医 (9)：6-12.

柴俊秀，庞其艳，于洋，等. 2005. 宁夏中部干旱带滩羊养殖情况调查分析与建议 [J]. 宁夏农林科技 (6)：62-63.

陈斌，毕志刚. 2009. 紫外线辐射对皮肤细胞骨架影响的蛋白质组学研究 [J]. 临床皮肤科杂志，38 (3)：141-144.

程波. 2015. 细胞骨架蛋白间相互作用对细胞骨架动力学特性的影响 [D]. 咸阳：西北农林科技大学.

崔明巧. 2012. 盐池滩羊品种资源的保护与发展探讨 [J]. 黑龙江畜牧兽医 (22)：24-26.

崔重九，潘君乾，张幼麟，等. 1963. 滩羊选育报告（第三报）关于胎儿期生长发育和羊毛生长的研究 [J]. 中国畜牧杂志 (2)：1-6.

崔重九，许百善，王天新，等. 1983. 滩羊裘皮花穗的遗传 [J]. 宁夏农林科技 (4)：31-34.

崔重九，张幼麟，蒋英，等. 1963. 关于影响滩羊二毛皮品质因素的研究 [J]. 宁夏农业科技 (8)：1-3.

窦全林，陈刚. 2007. 影响羊毛生长的主要因素研究综述 [J]. 畜禽业 (8)：10-12.

额尔和花, 丁伟, 李颖康, 等. 2010. 滩羊毛皮特性及毛囊发育相关基因的研究进展 [J]. 畜牧与饲料科学, 31 (5): 18-20.

付雪峰, 杨涵羽璐, 石刚, 等. 2016. 不同羊毛纤维直径细毛羊皮肤组织差异表达蛋白质研究 [J]. 中国畜牧兽医, 43 (4): 879-891.

甘淋, 李娟, 何涛, 等. 2004. 几种蛋白质含量测定方法的比较研究 [J]. 泸州医学院学报, 27 (6): 500-502.

高建军, 谢婷婷, 李树伟, 等. 2014. 和田羊毛囊 KRTAP7 基因的原核表达及其生物信息学分析 [J]. 中国畜牧杂志, 50 (21): 63-68.

高丽霞, 张燕军, 张文广, 等. 2014. 内蒙古白绒山羊毛囊发育周期蛋白质表达谱分析 [J]. 农业生物技术学报, 22 (6): 727-735.

弓青霞, 宋扬, 刘佳, 等. 2015. 应用 Label-free 技术研究人牙囊细胞和牙周膜成纤维细胞的差异蛋白质 [J]. 牙体牙髓牙周病学杂志 (5): 270-276.

谷博, 孙丽敏, 常青, 等. 2013. 血管内皮生长因子基因在辽宁绒山羊胎儿期皮肤毛囊发育中表达及其与微血管密度关系的研究 [J]. 中国畜牧兽医, 40 (6): 158-161.

哈尼克孜·吐拉甫, 李彦飞, 田可川, 等. 2013. 中国美利奴羊 (新疆型) 羊毛纤维直径与变异分析 [J]. 中国草食动物科学, 33 (1): 78-80.

何军敏, 黄锡霞, 田可川, 等. 2017. KAP16 基因对细毛羊重要经济性状的遗传效应分析 [J]. 西南农业学报, 30 (2): 458-465.

黄愉淋, 黄德伦, 官俊良, 等. 2013, 水牛卵泡液差异蛋白质双向电泳方法的建立及质谱分析 [J]. 畜牧兽医学报, 44 (8): 1 244-1 247.

贾弟林, 李彦龙, 张琪. 2012. 中卫山羊主要性状遗传参数及育种值估计 [J]. 宁夏农林科技, 53 (11): 78-79, 81.

贾如琰, 何玉凤, 王荣民, 等. 2008. 角蛋白的分子构成、提取及应用 [J]. 化学通报, 71 (4): 265-271.

贾文彬, 李建国, 赵世芳. 2005. 反刍动物过瘤胃氨基酸的研究进展 [J]. 饲料博览 (12): 10-12.

姜怀志, 陈洋, 常青. 2010. 血管内皮生长因子在哺乳动物皮肤毛囊周围血管新生过程中的调控作用 [J]. 中国畜牧兽医, 37 (5)：47-49.

姜怀志. 2012. 中国绒山羊的毛囊结构特性与发育机制 [J]. 吉林农业大学学报, 34 (5)：473-482.

康晓龙. 2013. 基于转录组学滩羊卷曲被毛形成的分子机制研究 [D]. 北京：中国农业大学.

李璟波, 于长海, 郭楠楠. 2015. 膜联蛋白 A2 及组织蛋白酶 B 在肺鳞癌和腺癌中表达的研究 [J]. 临床肺科杂志, 20 (5)：815-817.

李丽娟, 申小云. 2010. 绵羊、山羊 KAPs 基因的研究进展 [J]. 河南农业科学 (6)：170-172.

李少斌. 2017. 绵羊角蛋白关联蛋白家族基因新成员鉴定及其与羊毛性状的相关性分析 [D]. 兰州：甘肃农业大学.

李树伟, 任述强, 杨飞, 等. 2011. 新疆 4 种绵羊羊毛氨基酸含量测定 [J]. 中国畜牧兽医, 38 (11)：32-37.

李向龙, 陶金忠, 丁伟, 等. 2019. 滩羊二毛期羊毛性状分析及其相关性研究 [J]. 中国畜牧兽医, 46 (2)：442-448.

李彦飞, 黄锡霞, 田可川, 等. 2014. 中国美利奴羊 (新疆型) 毛纤维直径与弯曲数分析 [J]. 中国畜牧杂志, 50 (15)：15-18.

李勇. 2004. 中国美利奴 (新疆型) 毛纤维直径与经济性状相关研究 [D]. 兰州：甘肃农业大学.

林抒豪, 石玉秀, 韩芳. 2015. 细胞凋亡与真核细胞骨架蛋白相关性的研究进展 [J]. 解剖科学展, 21 (2)：207-210.

刘春洁, 付雪峰, 田可川, 等. 2015. 新吉细毛羊角蛋白的 EST 筛选及表达研究 [J]. 中国畜牧兽医, 42 (11)：2 873-2 879.

刘桂芬, 田可川, 张恩平, 等. 2007. 优质细毛羊羊毛细度的候选基因分析 [J]. 遗传, 29 (1)：70-74.

刘海英. 2007. KRTAP8、KRTAP6. 3 和 FGF5 基因变异对绒毛性状的影响及绒毛品质变化规律的研究 [D]. 北京：中国农业大学.

刘丽丽, 耿忠诚, 潘振亮, 等. 2007. 过瘤胃氨基酸 (RPAA) 对绒山羊生产性能的影响［J］. 黑龙江畜牧兽医（6）：42-43.

刘书东. 2017. 中国美利奴羊（新疆型）毛品质性状全基因组关联分析［D］. 石河子：石河子大学.

卢秦安，罗玉柱，余大有. 1986. 滩羊二毛裘皮品质与其被毛特性的关系 ［J］. 畜牧与兽医，3：100-101.

卢玉飞，张雪元，马婷婷，等. 2014. 过瘤胃蛋氨酸在反刍动物中的营养研究 进展［J］. 饲料工业，35（17）：13-18.

路立里，狄江，王琼，等. 2014. 羊毛及动物毛发弯曲形成的生物学机理研究 进展［J］. 畜牧兽医学报，45（5）：679-685.

吕德官，陈临溪. 2011. 蛋白14-3-3蛋白亚型与癌症［J］. 临床与病理杂 志，35（5）：424-429.

吕亚军，王永军，陈艳瑞，等. 2009. 3~30日龄滩羊羔羊能量需要量研究 ［J］. 西北农林科技大学学报（自然科学版），37（4）：72-73.

吕亚军. 2008. 滩羊产后天泌乳规律及日龄羔羊营养需要量研究［D］. 杨凌： 西北农林科技大学.

马朝. 2008. 内蒙古绒山羊Hoxc13和KAP16基因的研究［D］. 呼和浩特：内 蒙古农业大学.

马馨，栾维民，姜怀志，等. 2006. 吉林省主要细毛羊种群羊毛品质分析 ［J］. 吉林农业大学学报（2）：189-193.

马依拉·吐尔逊. 2013. 6个KRT基因在中国美利奴羊（新疆型）中的遗传 多态性及其与毛性状的关联性分析［D］. 乌鲁木齐：新疆农业大学.

奈日乐，2018. 内蒙古绒山羊皮肤毛囊周期性生长及波形蛋白的作用机制研 究［D］. 呼和浩特：内蒙古农业大学.

聂纪芹，汪龚泽，刘朝奇. 2012. annexinA2基因片段的克隆、表达、纯化及 多克隆抗体的制备［J］. 中国免疫学杂志，28（1）：67-70.

阮班军，代鹏，王伟，等. 2014. 蛋白质翻译后修饰研究进展［J］. 中国细胞 生物学学报，36（7）：1 027-1 037.

斯钦. 1996. 过瘤胃蛋氨酸添加剂的研究［J］. 中国饲料（7）：8-10.

松杰, 董扬, 李金泉, 等. 2012. 内蒙古绒山羊皮肤蛋白质双向电泳条件优化及图谱建立 [J]. 中国畜牧兽医, 39 (7): 11-14.

孙若芸, 王辉, 陈红, 等. 2012. 饲料营养对毛皮动物皮毛质量影响的研究进展 [J]. 中国养兔 (5): 27-28, 26.

孙世元, 朱洪敏, 付春红, 等. 2015. 滩羊毛形态结构与力学性能研究 [J]. 上海纺织科技, 43 (1): 13-15, 21.

孙占鹏. 2005. 滩羊选育与生产 [M]. 北京: 金盾出版社.

谭光兆, 辛纲, 郭祥涛. 1985. 影响滩羊羔羊品质一些因素的分析 [J]. 毛皮动物饲养 (2): 39-41.

陶连元, 何小东, 刘卫, 等. 2011. 胆管癌中 14-3-3 蛋白各亚型的表达及其临床意义 [J]. 肝胆胰外科杂志, 23 (4): 286-289.

田玮, 苏兰丽, 赵改名. 2001. 蛋白质和氨基酸对羊毛生长的影响 [J]. 中国饲料 (19): 23-24.

土蓉, 杨泽, 赵国栋. 2016. 过瘤胃氨基酸的加工工艺及其在反刍动物生产中的应用 [J]. 饲料研究 (20): 13-19.

王春昕, 张明新, 金海国, 等. 2009. KAP1.3 基因与绵羊产毛性能的相关分析 [J]. 吉林畜牧兽医, 30 (4): 5-6.

王杰, 崔凯, 王世琴, 等. 2017. 饲粮蛋氨酸水平对湖羊公羔营养物质消化、胃肠道 pH 及血清指标的影响 [J]. 动物营养报, 29 (8): 3 004-3 013.

王杰, 代怡倩, 王永, 等. 2010. 高原型藏山羊 KRTAP6.1 和 KRTAP6.2 位点与产绒性状的关系研究 [J]. 西南民族大学学报 (自然科学版), 36 (6): 962-966.

王志有, 陈玉林, 徐秋良, 等. 2011. 藏系绵羊 KRTAP3.2 基因多态性及其对部分经济性状的影响 [J]. 畜牧兽医学报, 42 (2): 284-288.

谢玲, 应万涛, 张开泰, 等. 2000. 双向电泳和肽质量指纹谱技术鉴定支气管上皮细胞恶性转化相关蛋白 ANX1 human [J]. 中国生物化学与分子生物学报, 16: 569-573.

谢实勇, 贾志海, 卢德勋. 2003. 包被蛋氨酸对内蒙古白绒山羊消化代谢及生

产性能的影响研究 [J]. 中国草食动物 (S1)：96-99.

谢实勇，贾志海，朱晓萍，等. 2003. 包被蛋氨酸对内蒙古白绒山羊氮代谢及产绒性能的影响 [J]. 中国农业大学学报 (3)：73-76.

谢实勇. 2002. 不同形式蛋氨酸对绒山羊消化代谢及生产性能影响研究 [D]. 北京：中国农业大学.

徐从祥，杨华，廖和荣，等. 2011. 中国美利奴羊（新疆军垦型）品系间毛细度分析 [J] 家畜生态学报，32 (3)：14-17.

徐芹芹，刘玉芳，康晓龙，等，2019. 滩羊 *EphA*3 基因克隆表达分析及生物信息学初步研究 [J]. 中国畜牧杂志，55 (3)：33-38.

徐晓莉. 2013. 阿勒泰羊、苏尼特羊和乌冉克羊基于生态形态特征和结构基因座的遗传多样性分析 [D]. 扬州：扬州大学.

许汉峰. 2008. 角蛋白关联蛋白基因 (*KAP* 和 *KRT*) 与绵羊毛品质的相关性研究 [D]. 石河子：石河子大学.

杨阿芳，李珊珊，张勇，等. 2016. 基于发展靶向蛋白质组技术的羊绒纤维组成鉴定及含量分析 [J]. 中国科技论文，11 (6)：663-669.

杨华，杨永林，刘守仁，等. 2011. 中国美利奴羊（新疆军垦型）品系间羊毛理化性能及性状相关分析 [J]. 中国畜牧兽医，38 (6)：37-40.

杨建军，秦环龙. 2010. 14-3-3 蛋白与肿瘤发生发展的研究进展 [J]. 世界华人消化杂志，18 (28)：2 997-3 002.

杨剑波，甘尚权，李晶，等. 2012. 中国美利奴超细型与哈萨克羊毛囊兴盛期皮肤组织消减 cDNA 文库的构建 [J]. 中国农业科学，45 (15)：3 154-3 164.

杨洁，付雪峰，黄锡霞，等. 2015. 细毛羊皮肤组织中毛囊蛋白质 2-DE 图谱的建立与初步分析 [J]. 中国畜牧兽医，42 (1)：124-130.

杨珂伟，胡亮，罗斌，等. 2014. 藏绵羊 KRTAP3. 2 基因的 cDNA 克隆、序列分析及组织表达的研究 [J]. 西南民族大学学报（自然科学版），40 (6)：809-813.

杨丽娟，李爱华，张蕊，等. 2010. 滩羊角蛋白 KAP1. 3 基因与二毛裘皮主要性状相关性研究［J］．宁夏大学学报（自然科学版），31（4）：381-384，388.

杨雪.2017.牦牛皮肤毛囊周期性结构变化规律及其相关调控因子的研究［D］．兰州：甘肃农业大学.

杨智明，杨刚，王宁，等.2006.滩羊不同放牧强度对草地现存量的影响［J］．黑龙江畜牧兽医，27（2）：52-53.

杨佐青，陶金忠，陈信，等，2017.滩羊二毛期羊毛性状分析及其相关性研究［J］．中国畜牧兽医，44（4）：986-993.

杨佐青，陶金忠，李颖康，等，2017.应用 iTRAQ 技术对滩羊裘皮差异表达蛋白的研究［J］．中国畜牧兽医，44（9）：2 682-2 691.

杨佐青.2017.滩羊皮肤组织差异蛋白质组学研究［D］．银川：宁夏大学.

姚纪元，包红喜，栾维民，等.2010.辽宁绒山羊皮肤毛囊血管内皮生长因子基因的表达研究［J］．中国畜牧兽医，37（12）：139-141.

于梦然.2015.内蒙古绒山羊生长期和休止期皮肤蛋白质差异谱挖掘和验证［D］．呼和浩特：内蒙古农业大学.

于洋，贾小梅，黄莉，等.2005.良种肉羊及其杂种肉羊毛品质研究［J］．甘肃畜牧兽医，3（6）：16-17.

詹萍萍，王春琳，宋微微，等.2013.曼氏无针乌贼墨囊蛋白质提取及双向电泳条件优化［J］，宁波大学学报，26（4）：1-6.

张汉武，张尚德，胡自治，等.1990.甘肃不同类型产区滩羊羊毛氨基酸组成及其含量的分析［J］．甘肃农业大学学报，25（2）：123-125.

张靓.2009.哺乳动物 KAP 基因家族与 TSPEAR 基因的分子进化［D］．呼和浩特：内蒙古农业大学.

张艳花，田可川，张廷虎，等.2010.羊毛供求趋势及我国毛用羊产业发展的思考［J］．中国畜牧杂志，46（16）：27-29.

张艳花，于丽娟，蒋晓梅，等.2016.利用平均信息最大似然法估计中国美利奴羊羊毛性状遗传参数［J］．新疆农业科学，53（12）：2 344-2 352.

张幼麟，崔重九.1965.滩羊花穗的分类方法［J］．宁夏农林科技（12）：

33-34.

章保萍, 王长梅. 2007. 羊的硫营养研究进展 [J]. 畜牧与饲料科学 (6): 44-46.

赵冰茹, 付雪峰, 于丽娟, 等. 2016. 中国美利奴羊 (新疆型) 各品系间毛性状的差异分析 [J]. 新疆农业科学, 53 (11): 2 135-2 141.

赵丽萍, 陆晓嫒. 2010. Annexin A2、Bcl-2 在宫颈癌中的表达及意义 [J]. 徐州医学院学报, 30 (8): 507-510.

赵有璋. 2002. 羊生产学 [M]. 北京: 中国农业出版社.

赵有璋. 2005. 现代中国养羊 [M]. 北京: 金盾出版社.

郑源泉, 许成蓉, 2006. TGF-β 与毛囊发育 [J]. 中国皮肤性病学杂志, 20 (3): 177-178.

中华人民共和国农业部. 1994. 饲料中氨基酸含量的测定: GB/T 18246—2000 [S]. 北京: 中国标准出版社.

中华人民共和国农业部. 1994. 饲料中含硫氨基酸测定方法——离子交换色谱法: GB/T 15399—1994 [S]. 北京: 中国标准出版社.

周玉香, 张培松, 张艳梅, 等. 2018. 过瘤胃蛋氨酸对滩羊羔羊生产性能及羊毛品质的影响 [J]. 家畜生态学报, 39 (4): 75-78.

朱金勇. 2005. 镉盐诱导的牙鲆脑、鳃、肝差异蛋白质组研究 [D]. 厦门: 厦门大学.

Aguagy A, Kantarjian H M, Estey E H, et al. 2002. Plasma vascular endothelial growth factor levels have prognostic significance in patients with acute myeloid leukemia but not in patients with myelodysplastic syndromes [J]. Cancer, 95 (9), 1 923-1 930.

Almeida A M, Plowman J E, Harland D P, et al. 2014. Influence of feed restriction on the wool proteome: A combined iTRAQ and fiber structural study [J]. Proteomics, 103 (3): 170-173.

Araújo V R, Silva G M, Duarte A B, et al. 2011. Vascular endothelial growth factor-A165 (VEGF-A165) stimulates the in vitro development and oocyte competence of goat preantral follicles [J]. Cell and tissue research, 346 (2): 273-281.

Aslabultler M, Ball C A, Blake J A, et al. 2000. Gene ontology: tool for the unification of biology, the Gene Ontology Consortium [J]. Nature Genetics, 25 (1): 25-29.

Bai L R, Gong H, Tao J Z, et al. 2018. A nucleotide substitution in the ovine KAP20-2 gene leads to a premature stop codon that affects wool fiber curvature [J]. Animal Genetics, 10 (1 111): 12 668-12 668.

Baldwin J A, Horton G M J, Wohlt J E, et al. 1993. Rumen-protected methionine for lactation, wool and growth in sheep [J]. Small Ruminant Research, 12 (2): 125-132.

Bawden C S, Mclaughlan C, Nesci A, et al. 2001. A Unique Type I Keratin Intermediate Filament Gene Family is Abundantly Expressed in the Inner Root Sheaths of Sheep and Human Hair Follicles [J]. Journal of Investigative Dermatology, 116 (1): 157-166.

Bawden C S, Sivaprasad A V, Verma P J, et al. 1995. Expression of bacterial cysteine biosynthesis genes in transgenic mice and sheep: toward a new in vivo amino acid biosynthesis pathway and improved wool growth [J]. Transgenic Research, 4 (2): 87-104.

Beh K J, Callaghan M J, Leish Z, et al. 2001. A genome scan for QTL affecting fleece and wool traits in Merino sheep [J]. Wool Technology and Sheep Breeding, 49, 88-97.

Benz J, Hofmann A. 2002. Annexins: from structure to function [J]. Physiological Reviews, 82 (2): 331-371.

Binukumar B K, Shukla V, Niranjana D. 2013. Topographic regulation of neuronal intermediate filaments by phosphorylation, role of peptidyl-prolylisomerase 1: significance in neurodegeneration [J]. Histochemistry& Cell Biology, 140 (1): 23-32.

Boyle W J, Van D G P, Hunter T. 1991. Phosphopeptide mapping and phosphoamino acid analysis by two-dimensional separation on thin-layer cellulose plates. [J]. Methods in Enzymology, 201 (3): 110-149.

Boyles J K, Zoellner C D, Anderson L J, et al. 1989. A role for apolipoprotein E, apolipoprotein A-I, and low density lipoprotein receptors in cholesterol transport during regeneration and remyelination of the rat sciatic nerve [J]. Journal of Clinical Investigation, 83 (3): 1 015-1 031.

Bromley C M, Snowder G D, Van Vleck L D. 2000. Genetic parameters among weight prolificacy and wool traits of Columbia Polypay Rambouillet and Targhee sheep. [J]. Journal of Animal Science, 78 (4): 846.

Brown D J, Crook B J, Purvis C. 2005. Differences in fiber diameter profile characteristics in wool Merion sheep [J]. Australian Journal of Agricultural Research, 56: 673-684.

Bruno J B, Celestino J J, Lima-Verde I B, et al. 2009. Expression of vascular endothelial growth factor (VEGF) receptor follicle survival and growth with [J]. Reproduction, Fertility and Development, 21 (5): 679-687.

Byun S O, Fang Q, Zhou H, et al. 2009. An effective method for silver-staining DNA in large numbers of polyacrylamide gels [J]. Analytical Biochemistry, 385: 174-175.

Caldwell J P, Mastronarde D N, Woods J L, et al. 2005. The three-dimensional arrangement of intermediate filaments in Romney wool cortical cells [J]. Journal of Structural Biology, 151 (3): 298-305.

Cho W C S. 2007. Proteomics technologies and challenges [J]. Genomics Proteomics Bioinformatics, 5 (2): 77-85.

Cockett N E, Shay T L, Smit M. 2001. Analysis of the sheep genome [J]. Physiological Genomics, 7 (2): 69-78.

Deb-Choudhury, Santanu. 2016. Intermediate Filament Proteins Volume 568 Isolation and Analysis of Keratins and Keratin-Associated Proteins from Hair and

Wool [J]. Methods in Enzymology, 279-301.

Dunn S, Keough R, Rogers G, et al. 1998. Regulation of a hair follicle keratin intermediate filament gene promoter [J]. Journal of Cell Science, 111 (23): 3 487.

Fietz M J, McLaughlan C J, Campbell M T, et al. 1993. Analysis of the sheep trichohyalin gene: Potential structural and calcium-binding roles of trichohyalin in the hair follicle [J]. Journal of Cell Biology, 121 (4): 855-865.

Flanagan L M, Plowman J E, Bryson W G, et al. 2002. The high sulphur proteins of wool: Towords an understanding of sheep breed diversity [J]. Proteomics, 2: 1 240-1 246.

Flengsrud R, Kobro G. 1989. A method for two-dimensional electrophoresis of proteins from green plant tissues [J]. Analytical Biochemistry, 177 (1): 33-36.

Flick M B, Sapi E, Perrotta P L, et al. 1997. Recognition of activated CSF-1 receptor in breast carcinomas by a tyrosine 723 phosphospecific antibody [J]. Oncogene, 14 (21): 2 553-2 561.

Fratini A, Powell B C, Hynd P I, et al. 1994. Dietary Cysteine Regulates the Levels of mRNAs Encoding a Family of Cysteine-Rich Proteins of Wool. [J]. Journal of Investigative Dermatology, 102 (2): 178-185.

Galbrainth H. 2000. Protein and sulphur amino acid nutrition of hair fibre-producing Angora and Cashmere goats [J]. Livestock production Science, 64: 81-93.

Gong H, Zhou H, Dyer J M, et al. 2011. Identification of the keratin-associated protein 13-3 (KAP13-3) gene in sheep [J] Open Journal of Genetics, 1: 60-64.

Gong H, Zhou H, Dyer J M, et al. 2011. Identification of the ovine KAP11-1 gene (KRTAP11-1) and genetic variation in its coding sequence [J]. Molecular Biology Reports, 38: 5 429-5 433.

Gong H, Zhou H, Dyer J M, et al. 2014. The sheep KAP8 - 2 gene, a new KAP8 family member that is absent in humans [J]. Springer Plus, 3: 1-5.

Gong H, Zhou H, Forrest R H, et al. 2016. Wool keratin - associated protein genes in Sheep - a review [J]. Genes, 7: 24.

Gong H, Zhou H, Hickford J G. 2011. Diversity of the glycine/tyrosine-rich keratin-associated protein 6 gene (KAP6) family in sheep [J]. Molecular Biology Reports, 38: 31-35.

Gong H, Zhou H, Hickford J G. 2010. Polymorphism of the ovine keratin-associated protein 1-4 gene (KRTAP1-4) [J]. Molecular Biology Reports, 37: 3 377-3 380.

Gong H, Zhou H, Hodge S, et al. 2015. Association of wool traits with variation in the ovine KAP1-2 gene in Merino cross lambs [J]. Small Ruminant Research, 124: 24-29.

Gong H, Zhou H, McKenzie G W, et al. 2010. Emerging issues with the current keratin - associated protein nomenclature [J]. International Journal of Trichology, 2: 104-105.

Gong H, Zhou H, Mckenzie G W, et al. 2012. An Updated Nomenclature for Keratin-Associated Proteins (KAPs) [J]. International Journal of Biological Sciences, 8 (2): 258-264.

Gong H, Zhou H, Plowman J E, et al. 2010. Analysis of variation in the ovine ultra-high sulphur keratin-associated protein KAP5-4 gene using PCR-SSCP technique [J]. Electrophoresis, 31: 3 545-3 547.

Gong H, Zhou H, Plowman J E, et al. 2011. Search for variation in the ovine KAP7-1 and KAP8-1 genes using polymerase chain reaction-single-stranded conformational polymorphism screening [J]. DNA and cell biology, 31: 367-370.

Gong H, Zhou H, Yu Z, et al. 2011. Identification of the ovine keratin - associated protein KAP1 - 2 gene (KRTAP1 - 2) [J]. Experimental

Dermatology, 20: 815-819.

Gorg A, Postel W, Gunther S. 2002. The current state of two-dimensional electrophoresis with immobilized pH gradients [J]. Electrophoresis, 21 (6): 1 037-1 053.

Harland D P, Caldwell JP, Woods J L, et al. 2011. Arrangement of trichokeratin intermediate filaments and matrix in the cortex of Merino wool [J]. Journal of Structural Biology, 173 (1): 0-37.

Hastie C, Masters J R, Moss S E, et al. 2008. Interferon reduces cell surface express -ion of Annexin 2 and suppresses the invasive capacity of prostate cancer cells [J]. Biological Chemistry, 283 (18): 1 259-1 265.

Hermeking H, Benzinger A. 2006. 14-3-3 proteins in cell cycleregulation [J]. Seminars in Cancer Biology, 16 (3): 183-192.

Hietakangas V, Sisonen L, 2006. Regulation of the heat shock response by heat shock transcription factors [J]. Topics in current genetics, 16: 1-2.

Hua G, Zhou H, Hickford H. 2011. Diversity of the glycine/tyrosine-rich keratin -associated protein 6 gene (KAP6) family in sheep [J]. Molecular Biology Reports, 38 (1): 31-35.

Jacobs J R, Sommers K N, Zajac A M, et al. 2016. Early IL-4 gene expression in abomasum is associated with resistance to Haemonchus contortus in hair and wool sheep breeds [J]. Parasite Immunology, 38 (6): 333-339.

Jacobson G N, Clark P L. 2016. Quality over quantity: optimizing co - translational protein folding with non - 'optimal' synonymous codons [J]. Current Opinion in Structural Biology, 38: 102-110.

Jalali S, Pozo M A, Chen K, et al. 2001. Integrin - mediated mechanotransduction requires its dynamic interaction with specific extracellular matrix (ECM) ligands [J]. Proceedings of the National Academy of Sciences, 98 (3): 1 042-1 046.

Joedan M A, Wilson L. 2004. Microtubules as a target for anticancer drugs [J].

Nature Reviews Cancer, 4 (4): 253 −265.

Kersten B, Agrawal G K, Iwahashi H, et al. 2006. Plant phosphoproteomics: A long road ahead [J]. Proteomics, 6 (20): 5 517−5 528.

Kim T H, Lee Y H, Kim K H, et al. 2012. Role of lung apolipoprotein A−I in idiopathic pulmonary fibrosis: antiinflammatory and antifibrotic effect on experimental lung injury and fibrosis. [J]. American Journal of Respiratory & Critical Care Medicine, 182 (5): 633−642.

Ku N O, Liao J, Chou C F, et al. 1996. Implications of intermediate filament protein phosphorylation [J]. Cancer & Metastasis Reviews, 15 (4): 429−444.

Kubo T, Hirono M, Aikawa T, et al. 2015. Reduced tubulin polyglutamylation suppresses flagellar shortness inChlamydomonas [J]. Molecular Biology of the Cell, 26 (15): 2 810−2 822.

Kuwashima F, Taniguchi S, Nonaka K, et al. 2007. Mutations in the helix termination motif of mouse type I IRS keratin genes impair the assembly of keratin intermediate filament [J]. Genomics, 90 (6): 703−711.

Langbein L, Rogers M A, Winter H, et al. 1999. Thecatalogue of humanhair keratins. Expression of the nine type I members in the hair follicle [J]. Journal of Biological Chemistry, 274: 19 874−19 884.

Li S, Zhou H, Gong H, et al. 2017. Identification of the ovine keratin − associated protein 26 − 1 gene and its association with variation in wool traits [J]. Genes, 8: 225.

Li S, Zhou H, Gong H, et al. 2017. Variation in the ovine KAP6 − 3 gene (*KRTAP*6−3) is associated with variation in mean fibre diameter − associated wool traits [J]. Genes, 8: 204.

Liu W J, Fang Y, Zhang L P, et al. 2009. The Polymorphism of a Mutation of KAP16. 6 Gene on Three GoatBreeds in China [J]. Journal of Animal & Veterinary Advances, 8 (12): 2 713−2 718.

Liu Y X, Shi G Q, Wang H X, et al. 2014. Polymorphisms of KRTAP6, KRTAP7, and KRTAP8 genes in four Chinese sheep breeds [J]. Genetics and Molecular Research, 13 (2): 3 438-3 445.

Liu Y, Kang X, Yang W, et al. 2017. Differential expression of KRT83 regulated by the transcript factor CAP1 in Chinese Tan sheep [J]. Gene, 614: 15-20.

Makar I A, Havryliak V V, Sedilo H M. 2007. Genetic and biochemical aspects of keratin synthesis by hair follicles [J]. Cytology and Genetics, 41 (1): 75-79.

Mata G, Masters D, Buscall D, et al. 1995. Responses in wool growth, live-weight, glutathione and amino acids, in Merino wethers fed increasing amounts of methionine protected from degradation in the rumen [J]. Australian Journal of Agricultural Research, 46 (6): 1 189-1 284.

McLaren R J, Rogers G R, Davies K P, et al. 1997. Linkage mapping of wool keratin and keratin-associated protein genes in sheep [J]. Mammalian Genome Official Journal of the International Mammalian Genome Society, 8 (12): 938-940.

Medland S E, Nyholt D R, Painter J N, et al. 2009, Common variants in the tri-chohyalin gene are associated with straight hair in Europeans [J]. American Journal of Human Genetics, 85 (5): 750-755.

Moore K E, Maloney S K, Vaughan J L, et al. 2013. Rumen-protected methionine supplementation and fibre production in alpacas (Vicugna pacos) [J]. Journal of Animal Physiology and Animal Nutrition, 97 (6): 1 084-1 090.

Moustakas A, Stournaras C, 1999. Regulation of actin organisation by TGF-β in H-ras-transformed fibroblasts [J]. Journal of Cell Science, 112 (8): 1 169-1 179.

Nash A D, Baca M, Wright C, et al. 2006. The biology of vascular endothelial growth factor-B (VEGF-B) [J]. Pulmonary Pharmacology & Therapeutics, 19 (1): 61-69.

Omary M B, Ku N O. 2006. Cell biology: Skin care by keratins [J]. Nature, 441 (7 091): 296-297.

Patrucco A, Cristofaro F, Simionati M Z, et al. 2016. Wool fibril sponges with perspective biomedical applications [J]. Materials Science & Engineering C, 61 (1): 42-50.

Pickering N, Blair H, Hickson R, et al. 2013. Genetic relationships between dagginess, breech bareness, and wool traits in New Zealand dualpurpose sheep [J]. Journal of Animal Science, 91 (10): 4 578-4 588.

Plowman J E, Deb-Choudhury S, Clerens S, et al. 2012. Unravelling the proteome of wool: Towards markers of wool quality traits [J]. Proteomics, 75 (14): 4 315-4 322.

Plowman J E, Debchoudhury S, Bryson W G, et al. 2009. Protein Expression in Orthocortical and aracortical Cells of Merino Wool Fibers [J]. Journal of Agricultural & Food Chemistry, 57 (6): 2 174-2 180.

Plowman J E, Debchoudhury S, Clerens S, et al. 2012. Unravelling the proteome of wool: towards markers of wool quality traits [J]. Journal of Proteomics, 75 (14): 4 315-4 324.

Popescu C. 2007. Hair—the most sophisticated biological compositematerial [J]. Chemical Society Reviews, 36 (8): 1 282.

Puchala R, Sabin T, Davis J J. 1999. Effects of zinc - methionine on per - formance of angora goats [J]. Smallru minantsre search, 33: 1-8.

Robert J, McLaren, Geraldine R, et al. 1997. Linkage mapping of wool keratin and keratin-associated protein genes in sheep [J]. Mammalian Genome (8): 938-940.

Rogers G E. 2006. Biology of the wool follicle: an excursion into a unique tissue interaction system waiting to be re-discovered [J]. Experimental dermatology, 15 (12): 931-949.

Rogers G R, Hickford J G H, Bickerstaffe R. 1994. Polymorphism in two genes for B2 high sulfur proteins of wool [J]. Animal Genetics, 25: 407-415.

Rogers M A, Langbein L, Praetzel-Wunder S, et al. 2006. Human Hair Keratin-Associated Proteins (KAPs) [J]. International Review of Cytology, 251: 209-263.

Rogers M A, Winter H, Langbein L, et al. 2007. Characterization of human KAP24. 1, a cuticular hair keratin-associated protein with unusual amino-acid composition and repeat structure [J]. Journal of Investigative Dermatology, 127: 1 197-1 204.

Safari E, Fogarty N, Gilmour A, et al. 2007. Ge-netic correlations among and between wool growth and reproduction traits in Merino sheep [J]. Journal of Animal Breeding and Genetics, 124 (2): 65-72.

Saito A, Sugawara A, Uruno A, et al. 2007. All-trans retinoic acid induces in vitro angiogenesis via retinoic acid receptor: possible involvement of paracrine effects of endogenous vascular endothelial growth factor signaling [J]. Endocrinology, 148 (3): 1 412-1 423.

Sawant M S, Leube R E. 2016. Consequences of Keratin Phosphorylation for Cytoskeletal Organization and Epithelial Functions [J]. International review of cell and molecular biology, 330: 171.

Sihag R K, Inagaki M, Yamaguchi T, et al. 2007. Role of phosphorylation on the structural dynamics and function of types III and IV intermediate filaments [J]. Experimental Cell Research, 313 (10): 2 098-2 109.

Sluchanko N N, Gusev N B. 2012. Oligomeric structure of 14-3-3protein: what do we know about monomers [J]. Febs Letters, 586 (24): 4 249-4 256.

Snider N T, Park H, Omary M B. 2013. A Conserved Rod Domain Phosphotyrosine That Is Targeted by the Phosphatase PTP1B Promotes Keratin 8 Protein Insolubility and Filament Organization [J]. Journal of Biological Chemistry, 288 (43): 31 329-31 337.

Sokolowski J D, Gamage K K, Heffron D S, et al. 2014. Caspase-mediated cleavage of actin and tubulin is a common feature and sensitive marker of axonal degeneration in neural development and injury [J]. Acta Neuropathologica Communications, 2 (1): 16-18.

Souri M, Galbraith H, Scaife J R. 1998. Comparisons of the effect of genotype and protected methionine supplementation on growth, digestive characteristics and fibre yield in cashmere yielding and Angora goats [J]. Journal of Animal Science, 66: 217-223.

Sreedhar R, Arumugam S, Thandavarayan R A, et al. 2015. Myocardial 14-3-3η protein protects against mitochondria mediated apoptosis [J]. Cellular Signalling, 27 (4): 770-776.

Tao J, Zhou H, Gong H, et al. 2017. Variation in the KAP6-1 gene in Chinese Tan sheep and associations with variation in wool traits [J]. Small Ruminant Research, 154: 129-132.

Tao J, Zhou H, Yang Z, et al. 2017. Variation in the KAP8-2 gene affects wool crimp and growth in Chinese Tan sheep [J]. Small Ruminant Research, 149: 77-80.

Vliet V D, Apolipoprotein H N. 2001. A novel apolipoprotein associated with an early phase of liver regeneration [J]. Journal of Biological Chemistry, 276 (48): 44 512-44 520.

Wagatsuma A. 2007. Endogenous expression of angiogenesis-related factors in response to muscleinjury [J]. Molecular and cellular biochemistry, 298 (1): 151-159.

Wang J, Zhou H, Zhu J, et al. 2017. Identification of the ovine keratin-associated protein 15 - 1 gene (*KRTAP*15 - 1) and genetic variation in its coding sequence [J]. Small Ruminant Research, 153: 131-136.

White C L, Tabe L M, Dove H, et al. 2001. Increase efficiency of wool growth and live weight gain in merino sheep fed transgenic lupin seed containing sunflower albumin [J]. Journal of the Science of Food and Agricult, 81 (1):

147-154.

Wu J, Lin Y, Xu W, et al. 2011. A mutation in the type II hair keratin KRT86 gene in a Han family with monilethrix [J]. The Journal of Biomedical Research (1): 49-55.

Yao Y, Shao E S, Jumabay M, et al. 2008. High-density lipoproteins affect endothelial BMP-signaling bymodulating expression of the activin-like kinase receptor 1 and 2 [J]. Arteriosclerosis Thrombosis and Vascular Bioloy, 28 (12): 2 266-2 274.

Ye Z Z, Nan X, Zhao H S, et al. 2013. Mutation detection of type II hair cortex keratin gene KRT86 in a Chinese Han family with congenital monilethrix [J]. Chinese Medical Journal, 126 (16): 3 103-3 106.

Yu Z, Gordon S W, Nixon A J, et al. 2009. Expression patterns of keratin intermediate filament and keratin associated protein genes in wool follicles [J]. Differentiation, 77 (3): 307-316.

Yu Z, Wildermoth J E, Wallace O A, et al. 2011. Annotation of sheep keratin intermediate filament genes and their patterns of expression [J]. Experimental Dermatology, 20 (7): 582-588.

Zhao J, Liu N, Liu K, et al. 2017. Identification of genes and proteins associated with anagen wool growth [J]. Animal Genetics, 48 (1): 67-79.

Zhao Z, Liu G, Li X, et al. 2016. Characterization of the Promoter Regions of Two Sheep Keratin-Associated Protein Genes for Hair Cortex-Specific Expression: [J]. Plos One, 11 (4): e0153936.

Zhou H, Gong H, Li S, et al. 2015. A 57-bp deletion in the ovine KAP6-1 gene affects wool fibre diameter [J]. Journal of Animal Breeding and Genetics, 132: 301-307.

Zhou H, Gong H, Wang J, et al. 2016. Identification of four new gene members of the KAP6 gene family in sheep [J]. Scientific Reports, 6: 24 074.

Zhou H, Gong H, Yan W, et al. 2012. Identification and sequence analysis of the keratin‑associated protein 24‑1 (KAP24‑1) gene homologue in sheep [J]. Gene, 511: 62-65.

Zhou H, Hickford J G H, Fang Q. 2006. A two‑step procedure for extracting genomic DNA from dried blood spots on filter paper for polymerase chain reaction amplification [J]. Analytical Biochemistry, 354: 159-161.